Zur Einführung.

Die **Werkstattbücher** behandeln das Gesamtgebiet der Werkstattstechnik in kurzen selbständigen Einzeldarstellungen; anerkannte Fachleute und tüchtige Praktiker bieten hier das Beste aus ihrem Arbeitsfeld, um ihre Fachgenossen schnell und gründlich in die Betriebspraxis einzuführen.

Die Werkstattbücher stehen wissenschaftlich und betriebstechnisch auf der Höhe, sind dabei aber im besten Sinne gemeinverständlich, so daß alle im Betrieb und auch im Büro Tätigen, vom vorwärtsstrebenden Facharbeiter bis zum leitenden Ingenieur, Nutzen aus ihnen ziehen können.

Indem die Sammlung so den einzelnen zu fördern sucht, wird sie dem Betrieb als Ganzem nutzen und damit auch der deutschen technischen Arbeit im Wettbewerb der Völker.

Bisher sind erschienen:

Heft 1: **Gewindeschneiden.** Zweite, vermehrte und verbesserte Auflage.
Von Oberingenieur O. M. Müller.

Heft 2: **Meßtechnik.** Zweite, verbesserte Auflage. (7.—14. Tausend.)
Von Professor Dr. techn. M. Kurrein.

Heft 3: **Das Anreißen in Maschinenbauwerkstätten.** Zweite, neubearbeitete Auflage. (13.—18. Tausend.)
Von Ing. F. Klautke.

Heft 4: **Wechselräderberechnung für Drehbänke.** (7.—12. Tausend.)
Von Betriebsdirektor G. Knappe.

Heft 5: **Das Schleifen der Metalle.** Zweite, verbesserte Auflage.
Von Dr.-Ing. B. Buxbaum.

Heft 6: **Teilkopfarbeiten.** (7.—12. Tausend.)
Von Dr.-Ing. W. Pockrandt.

Heft 7: **Härten und Vergüten.**
1. Teil: **Stahl und sein Verhalten.** Dritte, verbess. u. vermehrte Aufl. (18.—24. Tsd.)
Von Dr.-Ing. Eugen Simon.

Heft 8: **Härten und Vergüten.**
2. Teil: **Praxis der Warmbehandlung.** Zweite, verbesserte Aufl. (16.—17. Tsd.)
Von Dr.-Ing. Eugen Simon.

Heft 9: **Rezepte für die Werkstatt.** 2. verbess. Aufl. (11.-16. Tsd.) Von Dr. Fritz Spitzer.

Heft 10: **Kupolofenbetrieb.** 2. verbess. Aufl.
Von Gießereidirektor C. Irresberger.

Heft 11: **Freiformschmiede.**
1. Teil: **Technologie des Schmiedens. — Rohstoffe der Schmiede.**
Von Direktor P. H. Schweißguth.

Heft 12: **Freiformschmiede.**
2. Teil: **Einrichtungen und Werkzeuge der Schmiede.**
Von Direktor P. H. Schweißguth.

Heft 13: **Die neueren Schweißverfahren.** Zweite, verbesserte u. vermehrte Auflage.
Von Prof. Dr.-Ing. P. Schimpke.

Heft 14: **Modelltischlerei.**
1. Teil: **Allgemeines. Einfachere Modelle.**
Von R. Löwer.

Heft 15: **Bohren.** Von Ing. J. Dinnebier.

Heft 16: **Reiben und Senken.**
Von Ing. J. Dinnebier.

Heft 17: **Modelltischlerei.**
2. Teil: **Beispiele von Modellen und Schablonen zum Formen.** Von R. Löwer.

Heft 18: **Technische Winkelmessungen.**
Von Prof. Dr. G. Berndt.

Heft 19: **Das Gußeisen.**
Von Ing. Joh. Mehrtens.

Heft 20: **Festigkeit und Formänderung.**
Von Studienrat Dipl.-Ing. H. Winkel.

Heft 21: **Einrichten von Automaten.**
1. Teil: **Die Systeme Spencer und Brown & Sharpe.** Von Ing. Karl Sachse.

Heft 22: **Die Fräser.**
Von Ing. Paul Zieting.

Heft 23: **Einrichten von Automaten.**
2. Teil: **Die Automaten System Gridley (Einspindel) u. Cleveland u. die Offenbacher Automaten.**
Von Ph. Kelle, E. Gothe, A. Kreil.

Heft 24: **Stahl- und Temperguß.**
Von Prof. Dr. techn. Erdmann Kothny.

Heft 25: **Die Ziehtechnik in der Blechbearbeitung.** Von Dr.-Ing. Walter Sellin.

Heft 26: **Räumen.**
Von Ing. Leonhard Knoll.

Heft 27: **Einrichten von Automaten.**
3. Teil: **Die Mehrspindel-Automaten.**
Von E. Gothe, Ph. Kelle, A. Kreil.

Heft 28: **Das Löten.**
Von Dr. W. Burstyn.

Heft 29: **Kugel- und Rollenlager (Wälzlager).** Von Hans Behr.

Heft 30: **Gesunder Guß.**
Von Prof. Dr. techn. Erdmann Kothny.

Heft 31: **Gesenkschmiede. 1. Teil: Arbeitsweise und Konstruktion der Gesenke.**
Von Ph. Schweißguth.

Heft 32: **Die Brennstoffe.**
Von Prof. Dr. techn. Erdmann Kothny.

Heft 33: **Der Vorrichtungsbau.**
I: **Einteilung, Einzelheiten u. konstruktive Grundsätze.** Von Fritz Grünhagen.

Heft 34: **Werkstoffprüfung (Metalle).**
Von Prof. Dr.-Ing. P. Riebensahm und Dr.-Ing. L. Traeger.

Fortsetzung des Verzeichnisses der bisher erschienenen sowie Aufstellung der in Vorbereitung befindlichen Hefte siehe 3. Umschlagseite.

Jedes Heft 48—64 Seiten stark, mit zahlreichen Textabbildungen.

WERKSTATTBÜCHER
FÜR BETRIEBSBEAMTE, VOR- UND FACHARBEITER
HERAUSGEGEBEN VON DR.-ING. EUGEN SIMON, BERLIN
HEFT 3

Das Anreißen in Maschinenbau-Werkstätten

Von

Ing. F. Klautke

Zweite, völlig neubearbeitete Auflage
des zuerst von H. Frangenheim bearbeiteten Heftes
(13. bis 18. Tausend)

Mit 120 Abbndüngen im Text

Springer-Verlag Berlin Heidelberg GmbH
1930

Inhaltsverzeichnis.

ISBN 978-3-662-31450-0 ISBN 978-3-662-31657-3 (eBook)
DOI 10.1007/978-3-662-31657-3

Vorwort.

Das Anreißen wurde bisher im wirtschaftlichen Sinne weniger beachtet als alle andern Arbeitsvorgänge in der Werkstatt. In der Regel stellte man eine Anreißerkolonne in Zeitlohn an, die alle vorkommenden Anreißarbeiten in der üblichen, althergebrachten Weise zu erledigen hatte. Allmählich geht man aber dazu über, besonders in den Werkstätten des allgemeinen Maschinenbaues, in denen noch in größerem Maße angerissen wird, auch diesen Arbeitsvorgang durch sachgemäße Überlegungen und durch bessere Beachtung der zeitsparenden Anreißmittel zu verbilligen.

Bei der Neubearbeitung dieses Heftes, die mir als Fachmann für wirtschaftliche Fertigung übertragen wurde, habe ich daher angestrebt, auch der wirtschaftlichen Seite des Anreißens gerecht zu werden. Deshalb dürfte die vorliegende neue Auflage, da sie nicht nur die allgemein üblichen Verfahren und Hilfsmittel des Anreißens behandelt, da und dort auch dem bereits erfahrenen Anreißer noch neue Wege zeigen und auch den Betriebsleitungen Anregungen dafür geben, wie die Anreißerkolonne verkleinert bzw. leistungsfähiger gestaltet werden kann.

Herrn Ingenieur Breitling vom Dynamowerk der Siemens-Schuckertwerke danke ich auch an dieser Stelle für seinen Beitrag mit den Abb. 101÷103, ferner den Siemens-Schuckertwerken, Mülheim-Ruhr, für die Abb. 5, der Friedr. Krupp A.G. für die Abb. 57 u. 59 sowie der Schuchardt & Schütte A.G. für die Abb. 19, 20, 22, 24 und 33.

I. Bedeutung und Zweck des Anreißens.

Durch das Anreißen wird der Ausgangspunkt für den gesamten Bearbeitungsvorgang eines Werkstückes geschaffen. Es hat daher der Bearbeitung voranzugehen, sofern keine besonderen Bearbeitungsvorrichtungen angefertigt werden, die das Werkstück selbsttätig in die richtige Lage zur Maschine bzw. zum Werkzeug bringen, so daß ein Anreißen nicht mehr erforderlich ist. Das Anreißen ist also eine wichtige Maßnahme, von der in erster Linie die einwandfreie Herstellung des Werkstückes abhängt. Der Anreißer übernimmt mit seiner Arbeit eine hohe Verantwortung, ist also mit größter Vorsicht aus solchen Leuten auszuwählen, die als zuverlässig bekannt sind.

Der Hauptzweck des Anreißens ist: das Werkstück in solcher Lage auf der Maschine aufspannen zu können, daß man unter Einhaltung sämtlicher Zeichnungsmaße sowohl bei der ersten, als auch bei allen weiteren Arbeitsstufen überall mit der Bearbeitungszugabe auskommt und daß ferner die rohbleibenden Flächen mit Bezug auf die bearbeiteten nicht nennenswert von den Zeichnungsmaßen abweichen. Da nun die Werkstücke, besonders vielgestaltige Gußteile, mehr oder weniger Fehler der verschiedensten Art aufweisen, so ist es meistens nicht ganz einfach, diese Bedingungen beim Anreißen zu erfüllen. Es werden daher häufig Fehler gemacht, die, wenn sie nicht schon bei der ersten, sondern erst bei späteren Arbeitsstufen bemerkt werden, nicht wieder beseitigt werden können. Es bleibt dann in der Regel weiter nichts übrig, als das Werkstück abweichend von den Zeichnungsmaßen fertig zu stellen. Eine Folge davon sind Nacharbeiten und Anpaßarbeiten beim Zusammenbau. Durch geschicktes Vermitteln können derartige Anreißfehler aber meistens vermieden werden. Ist das von vorneherein wegen zu großer Gießfehler nicht möglich, so muß der Anreißer gleich darauf aufmerksam machen, damit an höherer Stelle darüber entschieden werden kann, ob das Werkstück trotzdem in Arbeit genommen, oder ob es als Ausschuß gekennzeichnet werden soll.

Ein weiterer, aber mehr nebensächlicher Zweck des Anreißens ist es, ungefähr oder auch genauer einen Anhaltspunkt dafür zu geben, wie weit bei der Bearbeitung der Schneidstahl oder der Fräser anzusetzen ist. Genau und allein als Anhalt bei der Bearbeitung gelten die Rißlinien nur noch in den seltensten Fällen und nur dann, wenn keine Maße genau einzuhalten sind. Es ist heute im zeitgemäßen Maschinenbau ganz allgemein üblich, überall dort, wo Paßmaße einzuhalten sind, die Werkzeuge beim letzten Schlichtspan mit Endmaßen genau einzustellen. Auch sind die neueren Maschinen mit Meßeinrichtungen versehen, mit denen Werkzeug bzw. Maschine viel genauer und schneller einzurichten sind, als nach den Rißlinien.

Das Anreißen kann schließlich auch nur dem Zweck dienen, das Werkstück vor der Bearbeitung auf seine Brauchbarkeit zu prüfen. Das tut man, wenn solche größere und vielgestaltige Gußteile in Vorrichtungen bearbeitet werden sollen, bei denen es leicht möglich ist, daß durch Gießfehler, hauptsächlich Kernverlagerungen, die Bearbeitungszugabe an der einen oder andern Stelle nicht ausreicht. Das Werkstück wird dann natürlich nur soweit angerissen, wie es zum Prüfen, also zum Feststellen dieser Tatsache erforderlich ist. Der Anreißer hat hier also zu verhüten, daß Werkstücke in Arbeit genommen, und mehr oder weniger fertiggestellt werden, die später auf alle Fälle Ausschuß werden. Das Prüfen der Werkstücke vor der ersten Arbeitsstufe, ganz gleich, ob es dabei erforderlich ist Linien anzureißen oder nicht, ist also eine Arbeit, die in das Fach des Anreißers schlägt. Der Anreißer wird daher auch aus denjenigen Werkstätten nicht ganz verschwinden dürfen, in denen alle Teile in Vorrichtungen bearbeitet werden.

II. Anreißmittel.

Die Anreißer und diejenigen, die es werden wollen, müssen zunächst wissen, welche Hilfsmittel der zeitgemäßen Anreißerei zur Verfügung stehen; denn es gibt neben den ursprünglichen, allgemein bekannten Hilfsmitteln eine Reihe solcher, die weniger bekannt sind und die hauptsächlich dazu dienen, das Anreißen zu verbilligen. Im nachfolgenden wird daher eine Übersicht über sämtliche Hilfsmittel nebst den notwendigen Erläuterungen gegeben.

1. Anreißplatten. Zum Anreißen eines Werkstückes ist meistens eine gerade Auflageebene erforderlich, die mindestens soviel größer als das Werkstück sein muß, daß man rings um das Werkstück herum von der Auflageebene ausgehend die Anreißmittel handhaben kann. Fehler, die die Auflageebene aufweist, wie Krümmungen und Verwindungen, übertragen sich naturgemäß auch auf das anzureißende Werkstück. Als Auflageebene verwendet man in der Hauptsache gußeiserne, unten stark verrippte besondere Anreißplatten, in gewissen Fällen, z. B. wenn es sich um sehr lange Teile handelt, auch Drehbankbetten und Hobelmaschinentische. Die Anreißplatten können in den verschiedensten Abmessungen entweder nur gehobelt oder auch geschabt, handelsüblich bezogen werden. Für gewöhnlich, im allgemeinen Maschinenbau, genügen gehobelte Platten. Geschabte Platten verwendet man entweder nur ausschließlich zum Kontrollieren fertig bearbeiteter Werkstücke, oder auch zum Anreißen sehr genauer Teile, hauptsächlich aber im Werkzeug- und Vorrichtungsbau. Aufgestellt werden die Platten nach folgenden Gesichtspunkten: zunächst ist darauf zu achten, daß sie überall auf der Unterlage mit gleichem Druck aufliegen und sich nicht verziehen können. Da auf den Reißplatten auch vielfach mit der Wasserwaage gearbeitet wird, sei es, um das Werkstück nach einer bereits bearbeiteten Ausgangsfläche auszurichten, sei es, um fertig bearbeitete Werkstücke zu prüfen, so müssen

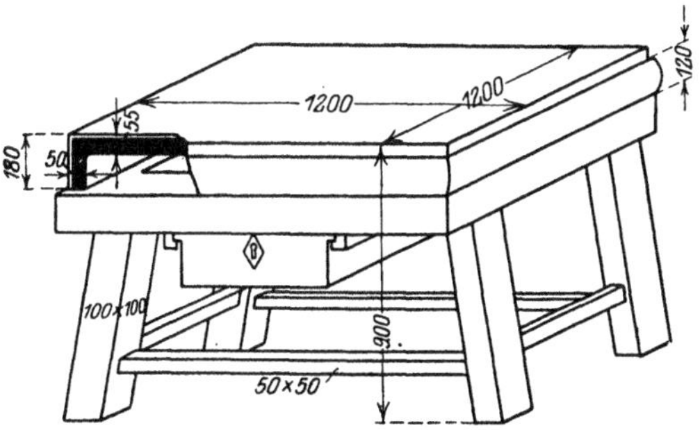

Abb. 1. Anreißplatte auf Holzgestell.

Abb. 2. Anreißplatte auf Schraubenböcken.

die Platten auch genau in der waagerechten Ebene liegen. Das erreicht man nun so, daß man sie entweder auf Holz- oder Schraubenböcke stellt und durch Unterkeilen bzw. Verstellen der Schrauben in die richtige Lage bringt, oder daß man sie auf gemauerte Fundamente setzt, genau durch Keile ausrichtet, und mit dem Fundament vergießt. Von der letzten Aufstellungsart, die besonders für große und schwere Platten in Frage kommt, weicht man dann ebenso wie bei der Aufstellung von Werkzeugmaschinen etwas ab, wenn Boden-

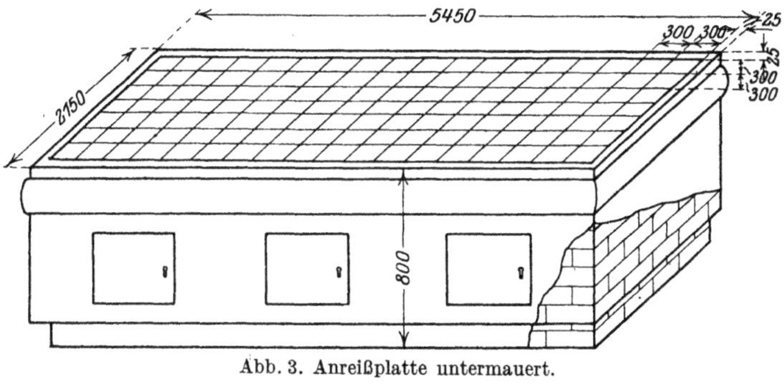

Abb. 3. Anreißplatte untermauert.

senkungen zu befürchten sind. Man benutzt dann zwar gemauerte Fundamente, vergießt die Platten aber nicht mit dem Fundament, sondern legt mit gleichmäßiger Verteilung eine größere Anzahl nachstellbarer Keilstücke dazwischen, die es gestatten, die Platte bei etwaigen Veränderungen des Fundamentes schnell nachzurichten.

Abb. 1 zeigt eine Platte 1200×1200 auf einem Holzgestell und Abb. 2 eine auf Schraubenstützen. Sie dienen zum Anreißen leichter Werkstücke und sind besonders für Stockwerkräume geeignet, wo die Auflagepunkte sich leicht verändern können und daher oft nachgestellt werden müssen. Abb. 3 zeigt eine aufgemauerte Platte, 2150× 5450, für schwerere Teile. Zum Schutze der Kleidung gegen das Mauerwerk ist die Platte mit einem Holzrahmen verkleidet; auch sind verschließbare Werkzeugfächer im Mauerwerk vorgesehen. Abb. 4 ist eine

Platte aus dem Großmaschinenbau, die zu ebener Erde aus mehreren Teilen aufgemauert ist. Sie ist mit T-Nuten versehen, da sie auch gleichzeitig zum Aufspannen der Werkstücke oder auch der Werkzeugmaschinen während der Bearbeitung des an Ort und Stelle vorgerissenen Werkstückes dient. End-

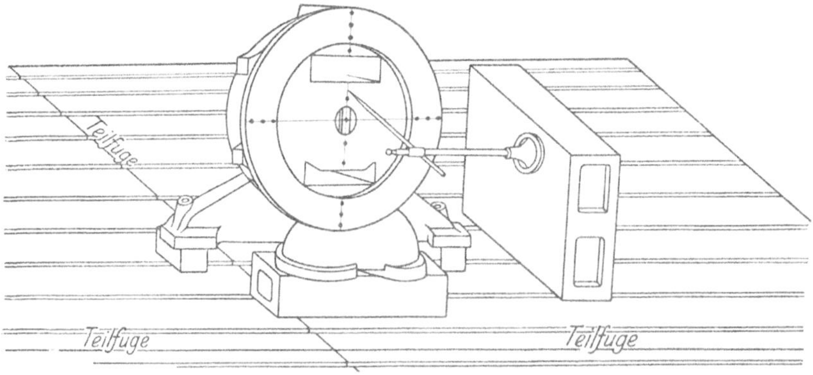

Abb. 4. Anreißplatte mehrteilig.

lich zeigt Abb. 5 noch eine Platte aus dem Großmaschinenbau, 4×7 m, mit einem zum Anreißen bestimmten Turbinenläufer. Sie ist nicht mit dem Fundament vergossen, sondern auf nachstellbare Keilunterlagen gesetzt, so daß sie jederzeit bei vorkommenden Veränderungen des Fundamentes auf das genaueste nach der Wasserwaage ausgerichtet werden kann. Abb. 6 zeigt die Ausführungsform einer derartigen Keilverstellung, wie sie für Reißplatten gut geeignet ist. Die Unterlage *a* wird mit dem Fundament fest vergossen, während das Keilstück *b* durch Schraube *c* verstellt wird.

Abb. 5. Anreißplatte auf Keilunterlagen (mit Turbinenläufer).

Die Platten Abb. 2 und 3 zeigen auf der Oberfläche feine Längs- und Querlinien oder Nuten, die sich senkrecht schneiden. Auf deren Bedeutung wird im nächsten Abschnitt hingewiesen.

2. Reißwinkelkästen. Bisweilen werden außer der waagerechten Auflage- und Ausgangsebene der Reißplatte auch senkrechte Ausgangsebenen zum Anreißen erforderlich. Man schafft sie sich dadurch, daß man sogenannte Reißwinkelkästen auf die Reißplatte stellt. Es sind gußeiserne, genau rechtwinklig gehobelte und geschabte Kästen verschiedener Abmessung und einer Form, etwa wie in Abb. 7 dargestellt. Um die Kästen auf der Platte geradlinig verschieben zu können, so daß ihre Ausgangsebenen die gleiche Lage zum Werkstück beibehalten, sind die bereits erwähnten feinen Nuten auf der Platte vorgesehen. Eine in die Nut eingreifende Führungsleiste dient dabei als Anschlag für die Reißwinkelkästen. Zuverlässiger ist es allerdings, wenn die Nuten nicht wie in Abb. 8 (oben) ausgeführt sind, sondern rechteckigen Querschnitt haben und gleichmäßig breit gehalten werden, damit die Leisten genau darin geführt werden, wie in Abb. 9. Die Reißwinkelkästen werden auch noch als Paralleluntersätze für die Werkstücke beim Anreißen verwendet.

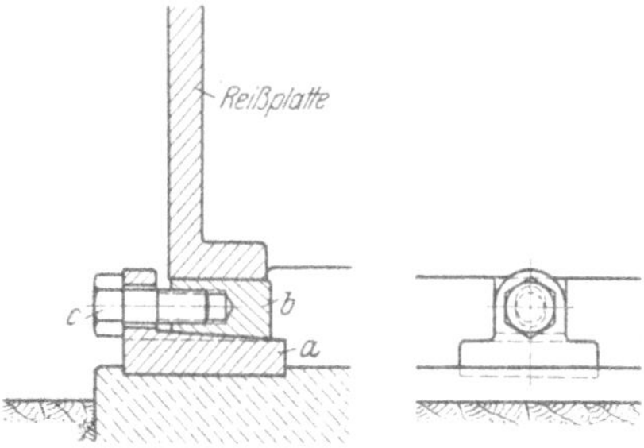

Abb. 6. Keilverstellung für Reißplatten.

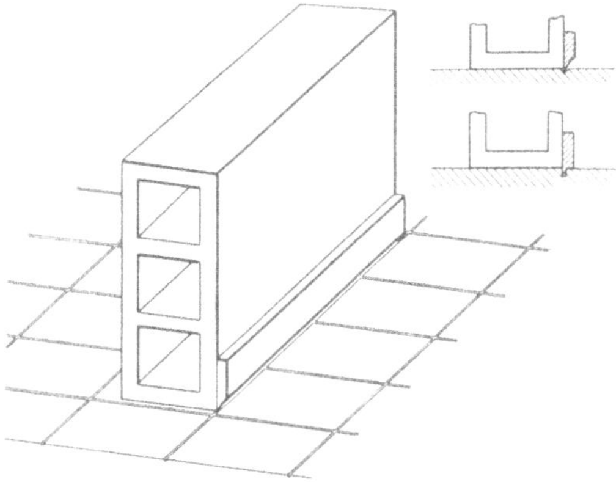

Abb. 7—9. Reißwinkelkasten mit Führungsleiste.

3. Stütz- und Ausrichtmittel.

Zum Unterstützen und Ausrichten der Werkstücke auf der Reißplatte werden eine ganze Reihe von Hilfsmitteln benötigt. Die ursprünglichsten davon sind Hartholzklötze und Keile. Aus wirtschaftlichen Gründen verwendet man sie in neuzeitlichen Betrieben aber weniger, vielmehr hauptsächlich die nachfolgend aufgeführten Mittel:

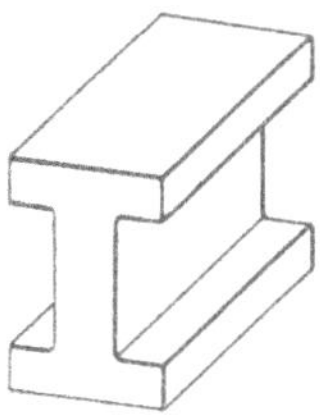

Abb. 10. Paralleluntersatz.

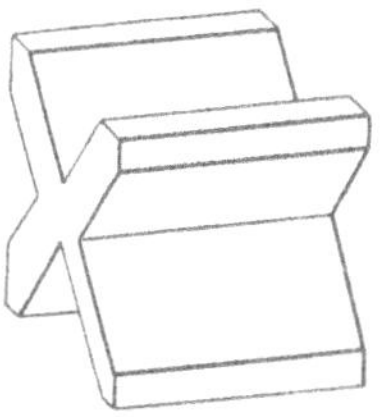

Abb. 11.

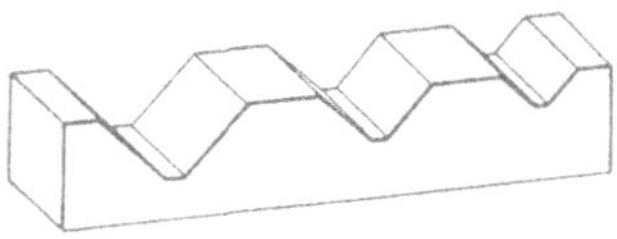

Abb. 12.

Prismenuntersätze.

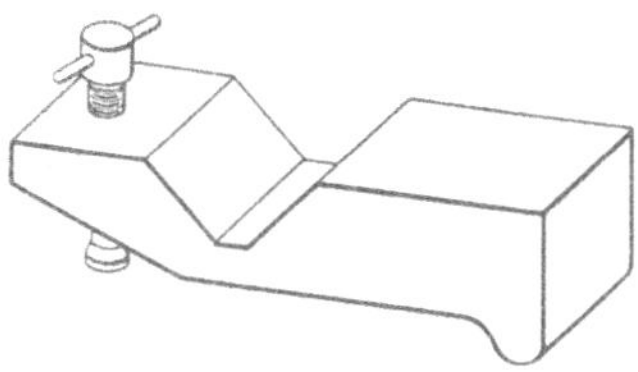

Abb. 13.

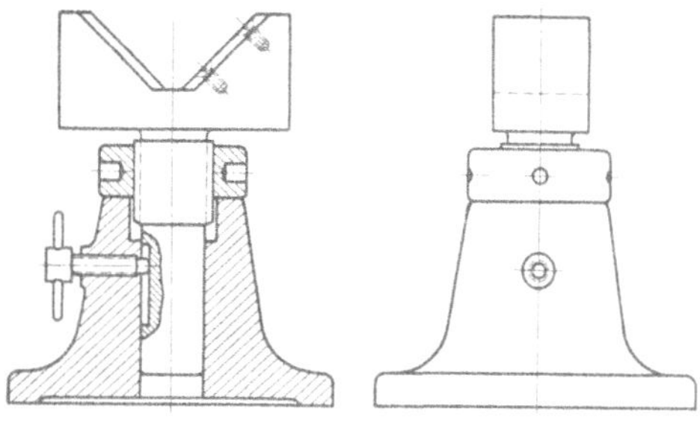

Abb. 14.

Verstellbare Prismenuntersätze.

a) Paralleluntersätze (Abb. 10). Sie müssen in den verschiedensten Abmessungen und stets paarweise an der Platte vorhanden sein, denn sie sind unentbehrlich zum Unterstützen bearbeiteter Werkstücke beim Anreißen, mehr aber noch beim Kontrollieren. Selbstverständlich müssen sie sehr genau parallel und rechtwinklig und die Paare auch genau gleich in den Abmessungen sein.

b) Prismenuntersätze (Abb. 11 u. 12). Sie dienen zur Aufnahme von Rundkörpern aller Art, hauptsächlich aber von Wellen beim Anreißen oder Kontrollieren. Die Ausführungsform Abb. 11 eignet sich mehr für kurze, die Abb. 12 mehr für längere Werkstücke. Die Untersätze Abb. 12 müssen natürlich wieder paarweise vorhanden sein.

c) Verstellbare Prismenuntersätze (Abb. 13÷14). Diese nicht an allen Anreißplatten bekannten Untersätze leisten sehr gute Dienste beim Anreißen und Kontrollieren von Wellen und andern Rundkörpern, deren Auflageenden verschieden stark sind. Die Schraubenverstellung ermöglicht, die Werkstücke schnell parallel zur Platte auszurichten. Es ist weder erforderlich, daß die Untersätze paarweise vorhanden, noch daß sie besonders genau hergestellt sind, im Gegensatz zu den nicht verstellbaren Untersätzen, die eine genaue Parallelität zur Platte verbürgen müssen.

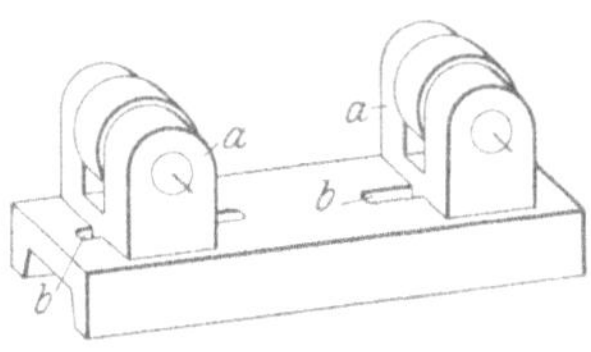

Abb. 15. Fester Rollenuntersatz.

d) Rollenuntersätze. Um schwere Wellen, umfangreiche Hohlzylinder u. dgl. beim Anreißen leicht verdrehen zu können, legt man sie auf Untersätze mit Rollen. Abb. 15 zeigt eine feste und Abb. 16 eine in der Höhe verstellbare Ausführungsform. An beiden sind die Rollenhalter *a* in den Schlitzen *b* angeordnet, so daß sie für verschiedene Werkstückdurchmesser eingestellt werden können. Die Rollen selbst sind am Umfange etwas ballig gehalten, selbstverständlich gehärtet und schlagfrei geschliffen.

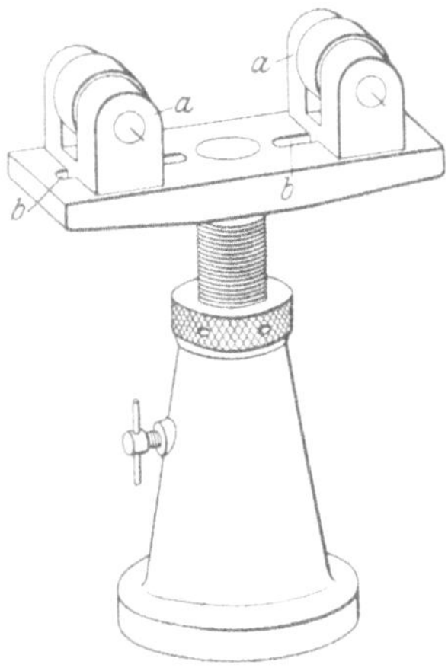

Abb. 16. Verstellbarer Rollenuntersatz.

e) Schraubenböcke (Abb. 17 u. 18). Diese verstellbaren Stützen ersetzen die früher zum Ausrichten roher Werkstücke verwendeten Keile. Sie beschleunigen das Ausrichten außerordentlich; man kann sie handelsüblich in den gebräuchlichsten Längen von etwa 50 bis 500 mm beziehen.

4. **Reißwerkzeuge** (Abb. 19÷22). Der Parallelreißer, auch Reißstock genannt, ist das wichtigste Werkzeug sowohl zum Reißen der Linien, als auch zum Ausrichten und Kontrollieren der Werkstücke auf der Platte. Die ursprünglichste Form zeigt Abb. 19: ein Fuß mit festem Stock, auf dem eine Reißnadel in beliebiger Höhe durch ein Klemmstück festgespannt werden kann. Die Reißnadelspitze kann nur durch leichte Schläge genau eingestellt werden. Weit praktischer sind die Parallelreißer Abb. 20÷22 mit Feineinstellung, die, wie die Darstellungen erkennen lassen, in den verschiedensten Formen auf den Markt gebracht werden. Besonders zu erwähnen davon ist Abb. 21. Der Stock dieses Werkzeuges ist mit einem Maßsab zum unmittelbaren Einstellen bestimmter Maße versehen. Die Verstellbarkeit des Maßstabes in der Höhe macht es möglich, daß die Nadel in der Ausgangsstellung auf 0 zeigt und daß man davon ausgehend alle weiteren Maße ohne Umrechnung, durch Verstellung des Schiebers mit der Nadel sofort einstellen kann.

Abb. 17 u. 18. Schraubenböcke.

Flachreißer (Abb. 23). Dieses Reißwerkzeug wird hauptsächlich an der Reißplatte der Werkzeugmacherei zum Anreißen sehr genauer Maßabstände verwendet. Das jeweils gewünschte Maß wird durch unterzulegende Maßklötze zusammengestellt, deren Genauigkeit also die Anreißgenauigkeit verbürgt.

5. **Höhenmaßstäbe** (Abb. 24—25). Zum Einstellen der Reißnadelspitze auf

die verschiedenen Anreißmaße werden starre, in senkrechter Lage gehaltene Maßstäbe verwendet. Die einfachste Form davon, ein gewöhnlicher Maßstab mit Halter, ist Abb. 24. In wirtschaftlicher Hinsicht genügt er aber nur dann, wenn alle Maße von der Auflageebene aus anzutragen sind. Müssen die Maße dagegen z. B. von der Mittelebene des Werkstückes aus nach unten und nach oben angetragen werden, so ist dieser Maßstab unzweckmäßig; denn alle Maße müssen umgerechnet

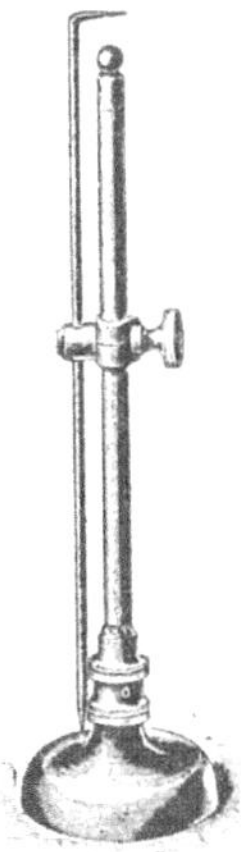

Abb. 19.

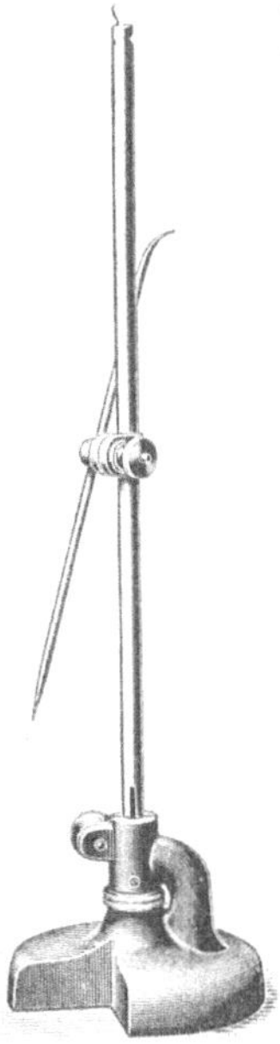

Abb. 20.

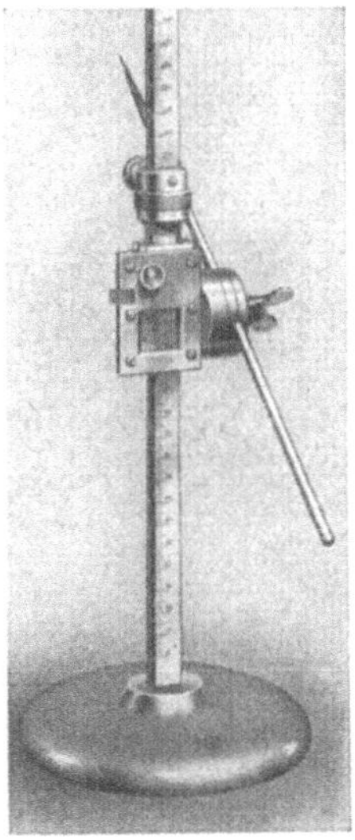

Abb. 21.

Abb. 22.

Abb. 19÷22. Parallelreißer.

werden, wobei natürlich leicht Fehler unterlaufen können. Für solches Anreißen besonders geeignet ist der Verbundmaßstab Abb. 25: der feststehende Maßstab *A* gestattet das Abgreifen der Maße von der Auflageebene ausgehend wie der einfache Maßstab Abb. 24 und der verstellbare Maßstab *B*, der mit Feineinstellung versehen ist, das Abgreifen der Maße ohne Umrechnung auch von jeder beliebigen anderen Ebene aus nach unten und oben; dabei dient *C* zum Einstellen dieser Ausgangsmeßebene. Dieses Gerät darf wegen seiner großen Vorzüge an keiner Reißplatte fehlen.

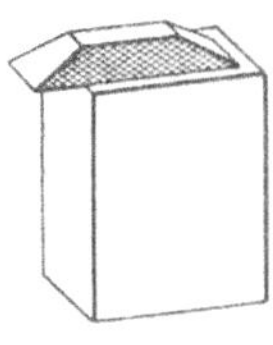

Abb. 23. Flachreißer.

6. Längenmaßstäbe. Maße, die mit dem Zirkel angerissen werden, greift man vom gewöhnlichen Längenmaßstab ab. Oft hat man aber Maße mit dem Zirkel anzureißen, die größer als das Zeichnungsmaß sind und erst aus einem Breiten- und Höhenmaß errechnet bzw. durch einen Aufriß ermittelt werden müssen.

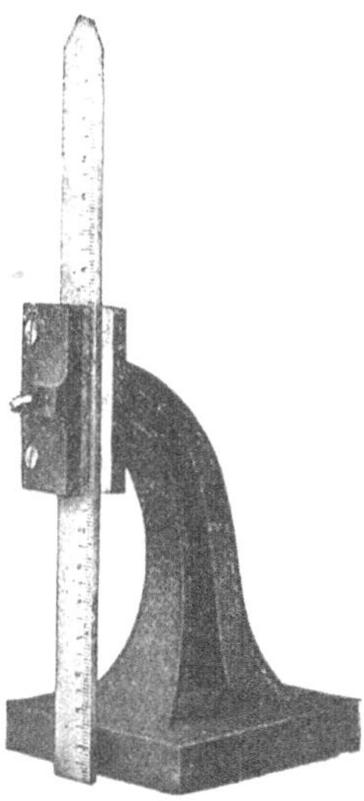

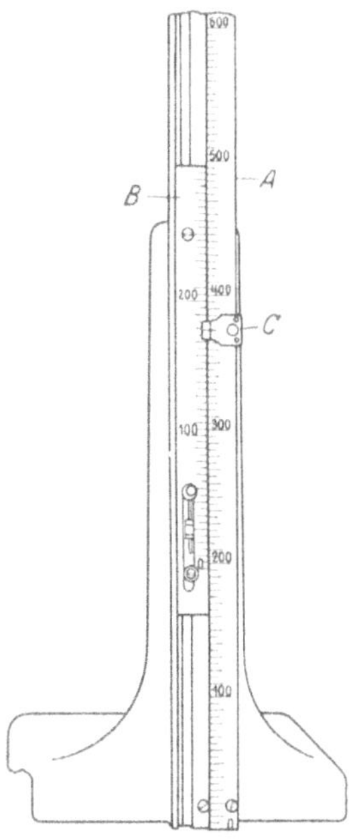

Abb. 24. Höhenmaßstäbe. Abb. 25.

Diese Arbeit wird erspart durch den Winkelmaßstab Abb. 26. Der jeweilige Abstand zwischen den zum Einstellen der Zirkelspitzen dienenden Körnern d_1 und e_1 der Einstellschieber d und e ist gleich der Hypotenuse c eines rechtwinkligen Dreiecks mit den Katheten a und b, die durch Verstellung der Schieber auf beliebige Längen eingestellt werden können. Dieses zeitsparende Gerät ersetzt natürlich auch den gewöhnlichen Maßstab.

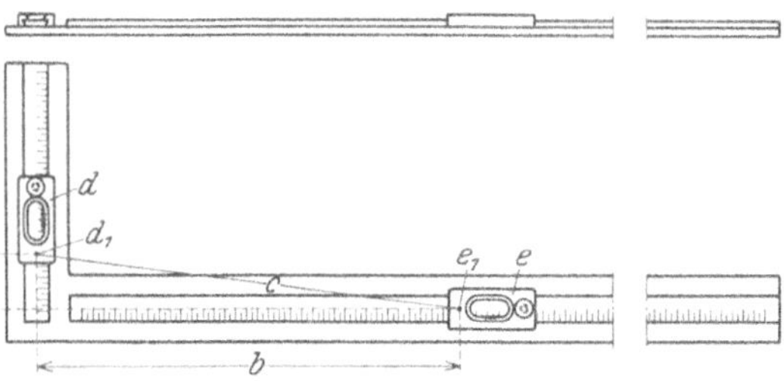

Abb. 26. Winkelmaßstab.

7. Streichmaße (Abb. 27 u. 28). Sie werden zum Anreißen langer paralleler Linien verwendet und sind besonders in Eisenkonstruktionswerkstätten, im Kessel- und Apparatebau unentbehrlich. Sie leisten aber auch oft gute Dienste beim Anreißen von Maschinenteilen, die man nicht auf die Reißplatte setzen kann.

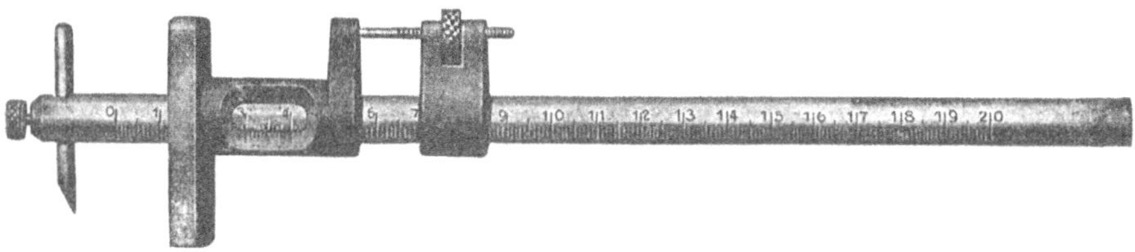
Abb. 27. Streichmaß.

8. Zirkel (Abb. 29÷31). Weitere wichtige Anreißwerkzeuge sind die Spitz- und Stangenzirkel. Besonders beachtenswert ist die als Zirkel verwendete Reißlehre Abb. 31. Dadurch, daß der Schenkel mit Reißspitze Millimeterteilung hat und verstellbar ist, können von Spitze zu Spitze Hypotenusenmaße rechtwinkliger Dreiecke sofort ermittelt werden. Das Werkzeug ersetzt bei kleinen Werkstücken also auch den in Abschnitt 6 beschriebenen Winkelmaßstab.

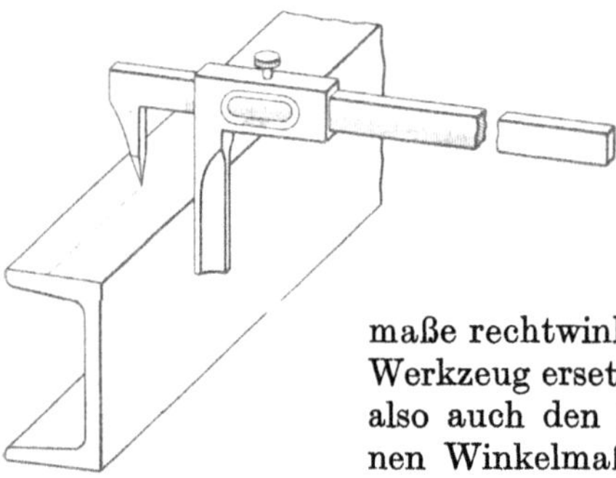
Abb. 28. Streichmaß.

9. Lineale und Winkellineale (Abb. 32÷40). Zum Ausrichten auf der Platte, Kontrollieren und Anreißen auf gerader Fläche werden Richtlineale in verschiedenen Längen und ferner Winkel- und Zentrierllineale verschiedener Konstruktionen und Abmessungen benötigt. Von der dargestellten Auswahl ist besonders das Verbundwerkzeug Abb. 34 u. 35 zu erwähnen, das sehr vielseitig: als verstellbares Winkellineal, als festes 45 und 90° Winkellineal und endlich noch, wie in Abb. 35

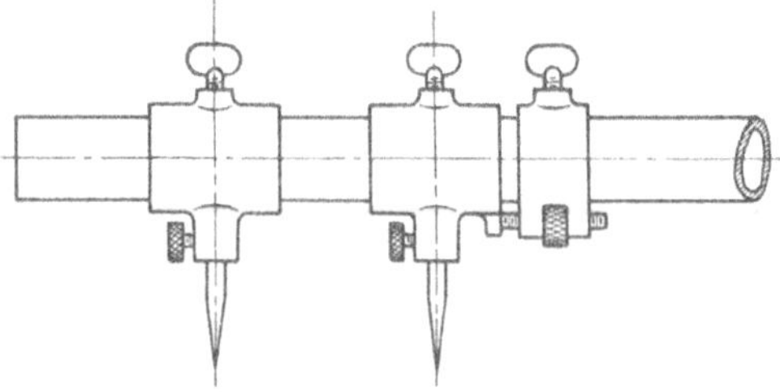

Abb. 29. Zirkel. Abb. 30.

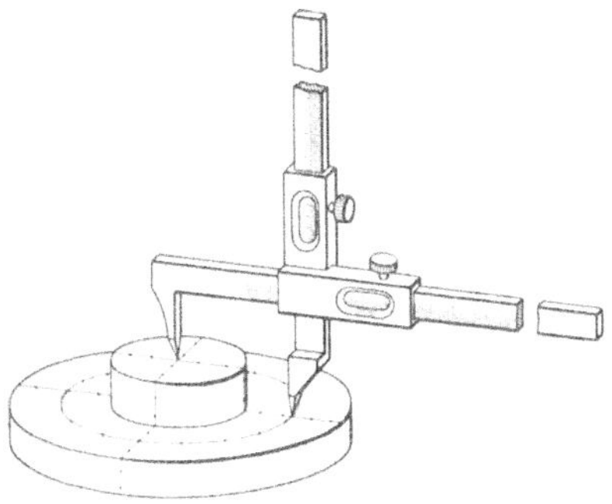

Abb. 31. Reißlehre.

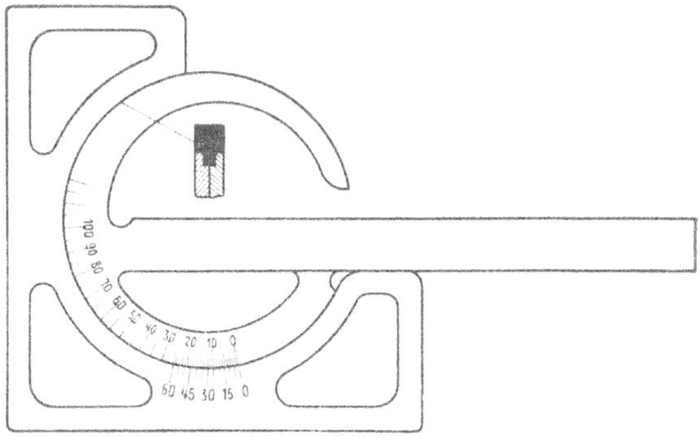

Abb. 32.

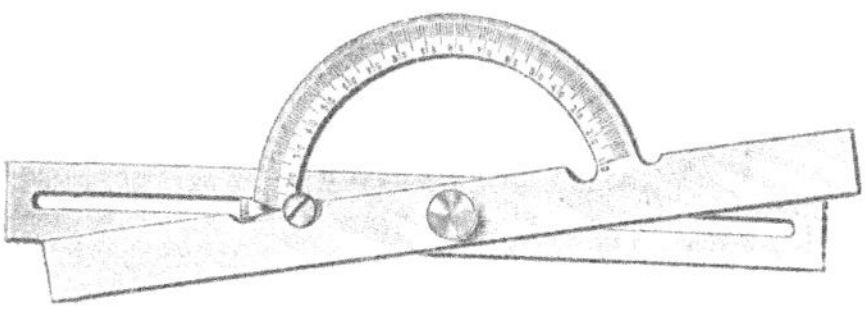

Abb. 33.

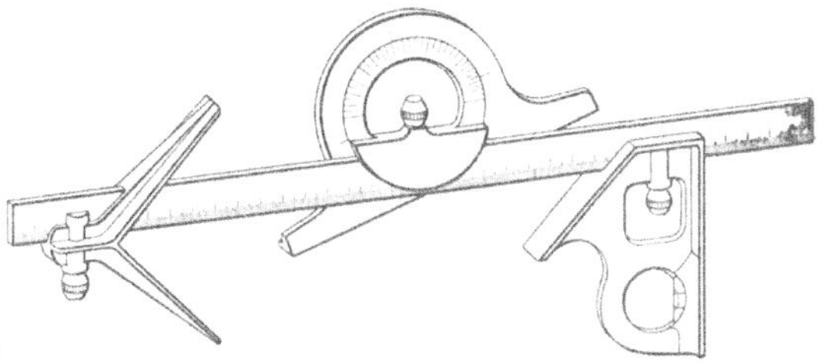

Abb. 34. Verbundwerkzeug.

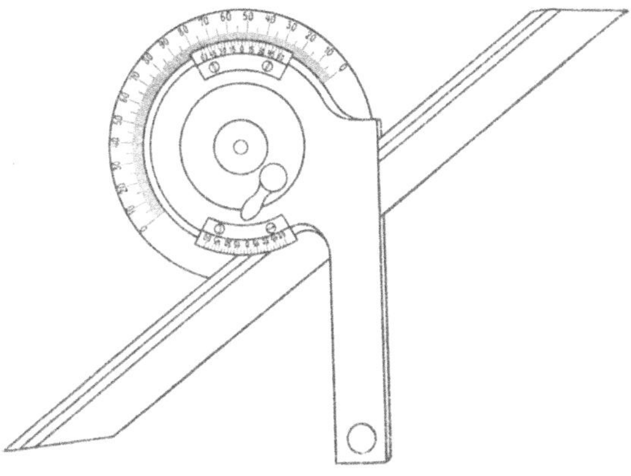

Abb. 36.

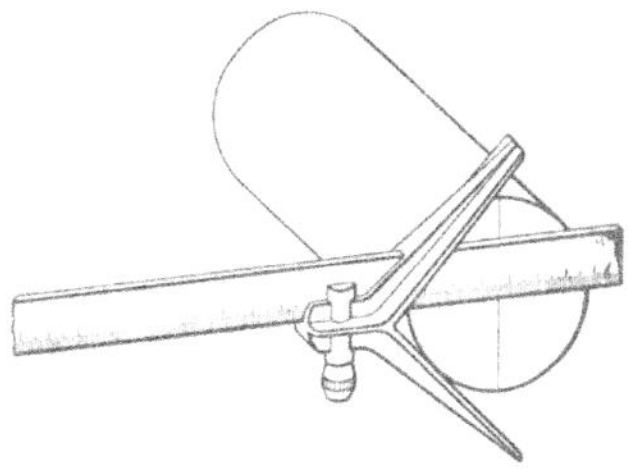

Abb. 35. Zentrierlineal.

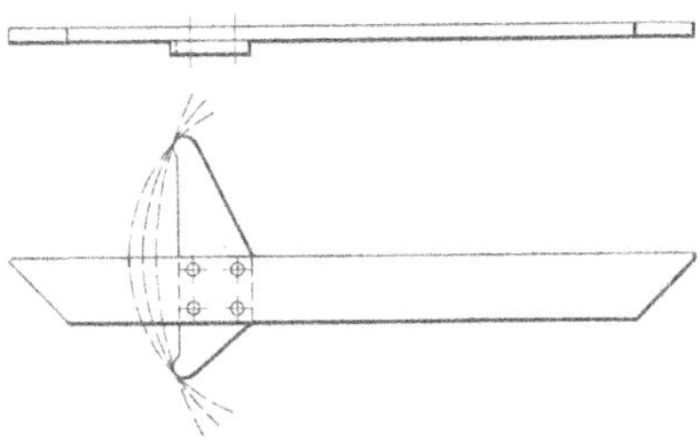

Abb. 37. Zentrierlineal.

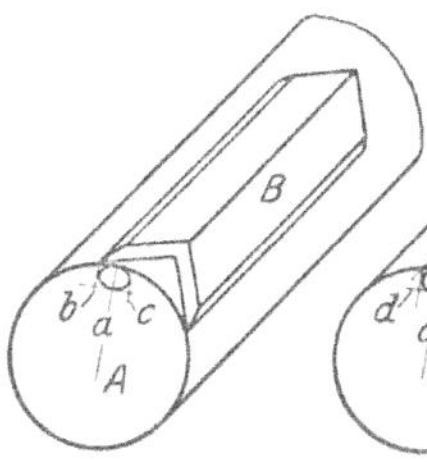

Abb. 38.

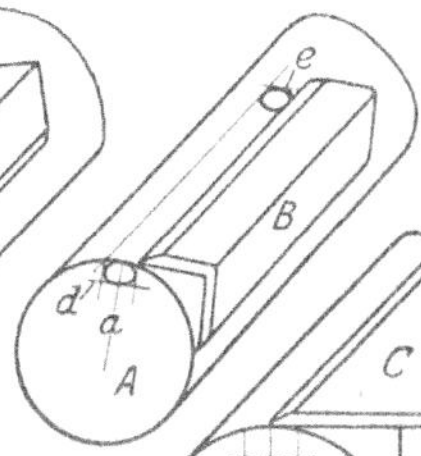

Abb. 39.

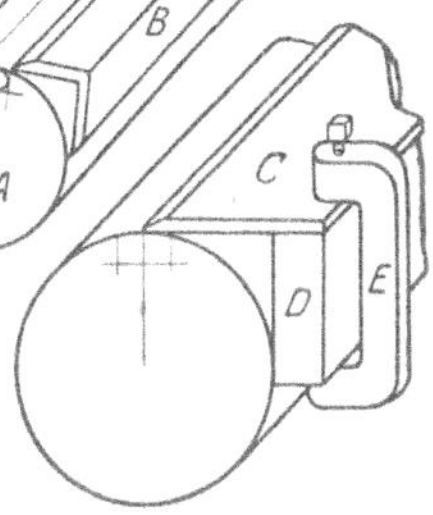

Abb. 40.

Abb. 38÷40. Nutlineale in Anwendung.

Abb. 32÷40. Lineale und Winkellineale.

besonders dargestellt, als Außenzentrierlineal verwendet werden kann. Abb. 37 ist ein Innenzentrierlineal zum Anreißen von Mittellinien auf Stirnflächen, ausgehend von der fertigen Bohrung. Das Nutlineal, dessen Anwendung beim Anreißen einer Keilnut auf einer Welle Abb. 38—40 zeigen, besteht *entweder* aus einem Winkelstück (Abb. 38 u. 39) oder wird zusammengesetzt (Abb. 40).

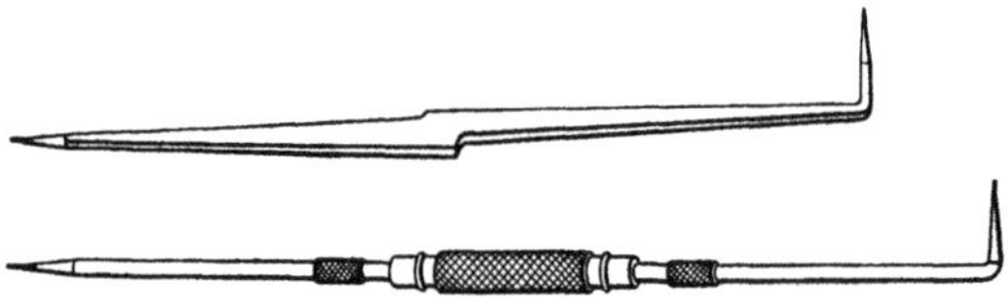

Abb. 41 u. 42. Reißnadeln.

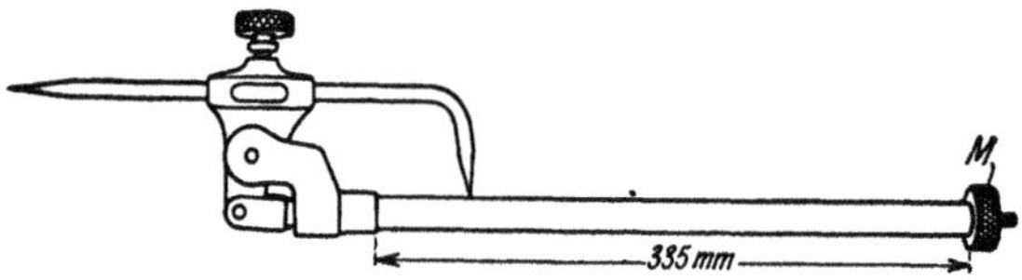

Abb. 43. Verstellbare Reißnadel.

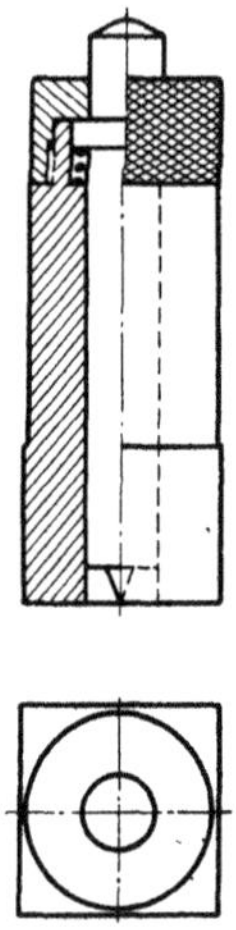

Abb. 46. Ankörnvorrichtung.

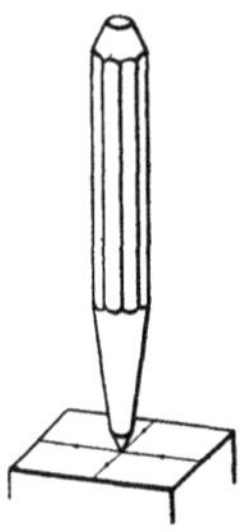

Abb. 44. Körner.

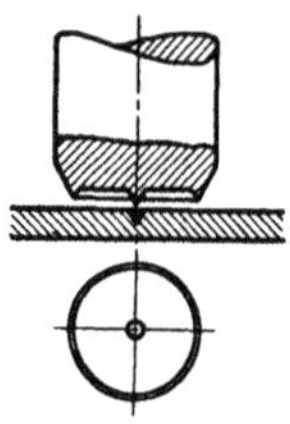

Abb. 45. Kreiskörner.

10. Verschiedene Anreißwerkzeuge (Abb. 41÷46). Endlich sind noch Körner und Handreißnadeln zu erwähnen, die das Anreißgerät vervollständigen. Die verstellbare Reißnadel Abb. 43 kann wohl auch an Parallelreißern ohne Feineinstellung verwendet werden, wichtiger ist sie jedoch für den Gebrauch an der Maschine zum Ausrichten und Kontrollieren von Werkstücken, denn hierbei ist es meistens nicht möglich, die Nadel auf eine andere Art genau einzustellen. Der Kreiskörner Abb. 45 leistet sehr gute Dienste beim Ankörnen von Schraubenlöchern, denn er erspart das Reißen der den Lochgrößen entsprechenden Kreise. Man setzt ihn mit der Spitze in den eingeschlagenen Mittenkörner ein, worauf er nach einem Hammerschlag den entsprechenden Kreis hinterläßt. Für jede Lochgröße ist selbstverständlich ein besonderes Werkzeug erforderlich. Man verwendet diese Körner hauptsächlich für gröbere Arbeiten und dort, wo Löcher in großen Mengen anzureißen sind, also in Eisenkonstruktionswerkstätten.

Das Ankörnwerkzeug Abb. 46 dürfte nicht allgemein bekannt sein. Es ermöglicht ein sehr genaues Ankörnen von Mittelpunkten für Kreisbögen bei sehr genauen Anreißarbeiten im Werkzeugbau, besonders beim Anreißen von Schablonen, Lehren und Matrizen. Die Körnerspitze muß genau zentrisch geschliffen sein.

III. Allgemeine Richtlinien für das Anreißen.

11. Erläuterung des Anreißens. Um das Anreißen besser erläutern zu können, müssen zunächst die formgebenden Linien der Werkzeichnung und in enger Beziehung damit auch die Oberflächen des Werkstückes in verschiedene Arten zergliedert und diese eindeutig benannt werden. Es sollen alle mit Bearbeitungszeichen versehenen Linien der Werkzeichnung „Bearbeitungslinien“, alle andern formgebenden Linien „Fertiglinien“, und ferner am Werkstück alle zu bearbeitenden Flächen „Arbeitsflächen“ oder „Arbeitsebenen“ und die rohbleibenden Flächen „Fertigflächen“ heißen.

Ein Werkstück reißt man an, indem man alle daran durch Hobeln, Fräsen, Schleifen, Drehen, Bohren usw. herzustellenden Flächen bzw. Bohrungen und Bohrlöcher entsprechend den Bearbeitungslinien der Zeichnung durch „Rißlinien“ und diese wieder durch Körnerschläge kennzeichnet. Das Anreißen ist also ein Übertragen der Bearbeitungslinien von der Zeichnung auf das Werkstück, aber unter Anpassung an etwa vorhandene Fertigflächen. Beim Übertragen der Linien geht man entweder nur von Fertigflächen aus oder von Mittelebenen, die man zuerst anreißt, oder auch teils von Fertigflächen, teils von Mittelebenen. Man unterscheidet daher drei Arten des Anreißens:

1. Anreißen nach Fertigflächen (Abb. 47). *a—a* ist die Fertigfläche von der man unter Berücksichtigung des Maßes *b* die Arbeitsfläche *c—c* anreißt.

2. Anreißen nach Mittelebenen (Abb. 48). *a—a* ist die zuerst angerissene Mittelebene, von der man unter Berücksichtigung der Maße *b* die Arbeitsflächen *c—c* bzw. *d—d* anreißt.

3. Anreißen nach Fertigflächen und Mittelebenen (Abb. 49). *a—a* ist die Fertigfläche, von der man unter Berücksichtigung des Maßes *b* die Arbeitsfläche *c—c*,

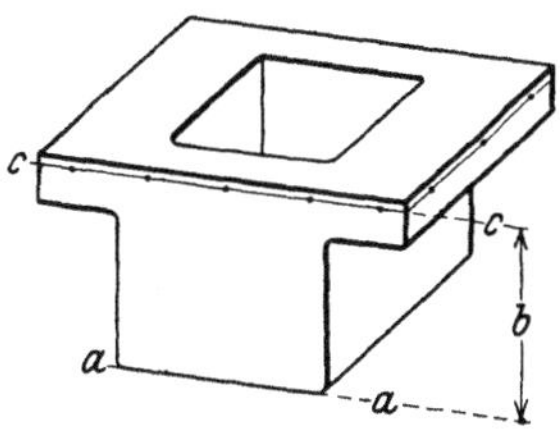

Abb. 47. Anreißen nach Fertigfläche.

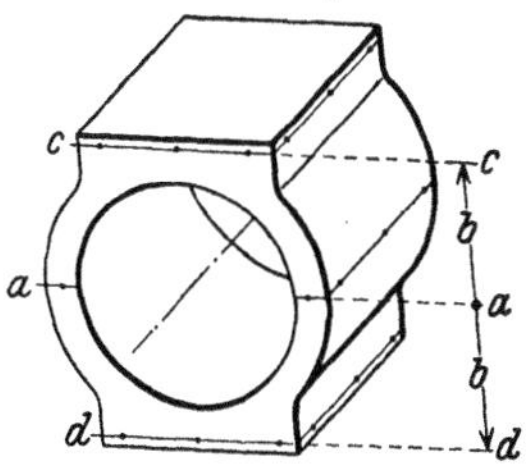

Abb. 48. Anreißen nach Mittelebenen.

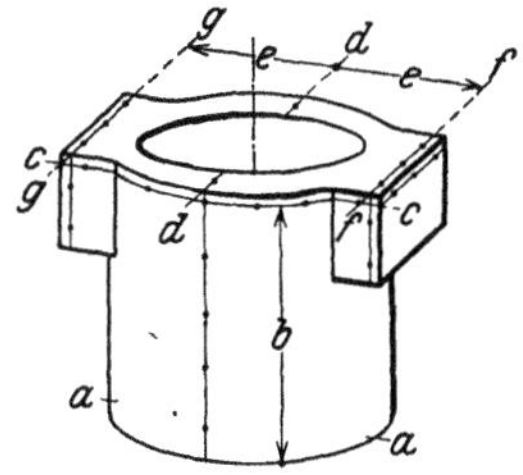

Abb. 49. Anreißen nach Fertigflächen und Mittelebenen.

und *d—d* die Mittelebene, von der man unter Berücksichtigung der Maße *e* die Arbeitsflächen *f—f* bzw. *g—g* anreißt.

Von Arbeitsebenen geht man grundsätzlich nicht aus, in besonderen Fällen vermittelt man jedoch zwischen diesen und den Fertigflächen, wenn infolge von Gieß- oder Schmiedefehlern die Arbeitsebenen zu niedrig ausgefallen sind und die Bearbeitungszugabe ganz oder teilweise fehlt.

Die jeweils anzuwendende Art des Anreißens ergibt sich, wie aus den angeführten Beispielen hervorgeht, aus der Form des Werkstückes bezw. aus den daran zu bearbeitenden Flächen. In der Regel kommt das erste Verfahren nur bei einfachen Werkstücken in Frage, wenn nur eine Arbeitsfläche herzustellen ist. Die weitaus meisten Werkstücke werden nach der zweiten und dritten Art angerissen.

Die Mittelebenen reißt man nicht nur zu dem Zweck an, um davon ausgehend die Arbeitsflächen, Bohrungen und Bohrlöcher weiter anreißen zu können, sondern oft allein auch nur deswegen, um das rohe Werkstück auf der Maschine ausrichten zu können. Zum Ausrichten sind ein bis zwei angerissene Ebenen erforderlich. Ob diese nun Mittelebenen oder Arbeitsebenen sind ist dabei gleichgültig. Nur e i n e Ebene ist erforderlich, wenn nur eine gerade Fläche zu bearbeiten ist, oder eine oder auch mehrere in gleicher Richtung verlaufende Bohrungen herzustellen sind, deren Achsen senkrecht zu der Ausrichtebene stehen. Beispiel Abb. 50 zeigt, wie ein Werkstück, das auf der Drehbank ausgebohrt werden soll, mit einem Parallelreißer nach einer angerissenen Mittelebene ausgerichtet wird. Die Planscheibe dient dabei als Ausgangsebene zum Ausrichten. Z w e i , sich senkrecht schneidende Ebenen sind zum Ausrichten erforderlich, wenn entweder mehrere zueinander geneigte Flächen in einer Aufspannung bearbeitet werden sollen, oder wenn eine oder mehrere Bohrungen herzustellen sind, die parallel zur Ausrichtebene, also zum Aufspanntisch verlaufen. Das in Abb. 51 dargestellte Beispiel zeigt, wie ein Werkstück, das mit mehreren Bohrungen versehen werden soll, auf einem Waagerechtbohrwerk ausgerichtet wird. Als Ausgangsebene zum Ausrichten der waagerechten Mittelebene dient die Maschinentischebene. Die senkrechte Mittelebene wird nach einer Tischkante ausgerichtet, wozu ein Parallelreißer mit Anschlagleiste verwendet wird. Bereits bearbeitete gerade Flächen ersetzen natürlich in gleicher Zahl die Anrißebenen.

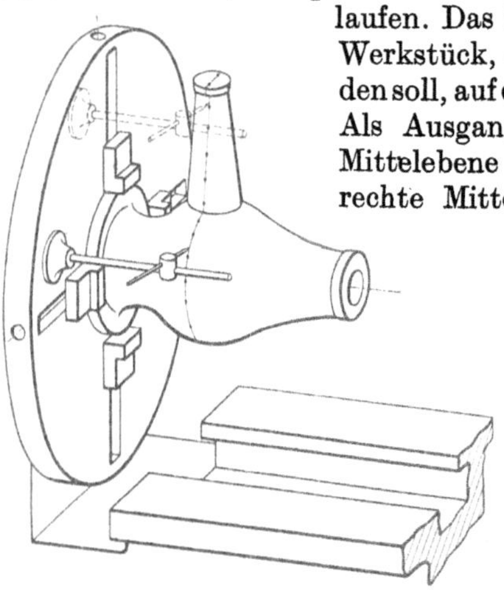

Abb. 50. Ausrichten eines Werkstückes nach einem Mittelriß auf der Drehbank.

Das bisher erläuterte Anreißen bezieht sich auf das dreidimensionale Werkstück. Eine allgemeine Erläuterung des Anreißens der zweidimensionalen Fläche dürfte sich erübrigen.

12. Prüfrisse. Neben allen am Werkstück angerissenen Arbeitslinien, die ungefähr oder auch genauer einen Anhalt für die zu bearbeitende Fläche geben sollen, werden auch noch parallel mit den Arbeitslinien verlaufend, sogenannte Prüfrisse gezogen. Der Zwischenraum zwischen beiden Linien beträgt je nach Größe des Werkstückes etwa $2 \div 5$ mm. Der Prüfriß fängt erst dann an seinen Zweck zu erfüllen, wenn die angerissene Arbeitsfläche fertiggestellt ist und somit auch der für sie maßgebende Riß verschwunden ist. Denn die Kontrollkörner, die bei genauem Anriß bis zur Hälfte weggearbeitet werden, während die andere Hälfte sichtbar bleiben soll, werden häufig, besonders bei Gußstücken, durch die abspringende Kruste ganz unkenntlich. Zur späteren Nachprüfung, ob das Werkstück richtig ausgerichtet worden ist, oder sich etwa während der Bearbeitung verzogen haben könnte, dient dann der Prüfriß. Zum Unterschied von den andern Linien wird er nicht mit den bei allen andern Anreißlinien üblichen Kontrollkörnern versehen. Abb. 52 zeigt ein mit allen erforderlichen Linien versehenes fertig angerissenes Werkstück.

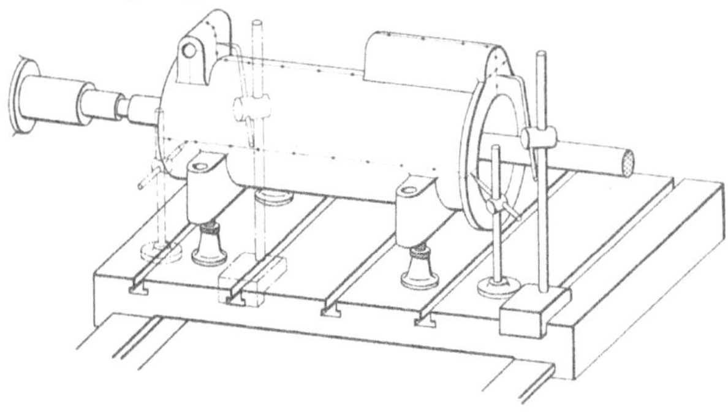

Abb. 51. Ausrichten eines Werkstückes nach zwei Mittelrissen auf dem Bohrwerk.

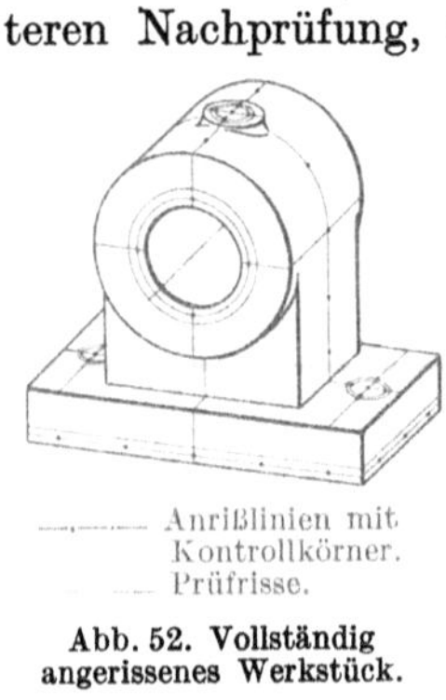

Abb. 52. Vollständig angerissenes Werkstück.

13. Lesen der Werkzeichnung. Das notwendigste Können, das man vom Anreißer verlangen muß, ist: gutes Lesen der Werkzeichnungen; denn der Anreißer ist nächst dem Modelltischler in der Regel der erste in der Werkstatt, der sich eingehend mit dem Werkstück an Hand der Zeichnung zu beschäftigen hat. Meistens ist es auch seine Aufgabe, scheinbare und auch wirkliche Unklarheiten zu beseitigen durch mittelbare oder auch unmittelbare Fühlungnahme mit dem Zeichenbüro. Endlich muß er auch, wenn das Werkstück in Arbeit ist, dem Arbeiter an der Maschine Auskunft erteilen können; denn der wird sich zuerst an ihn wenden. Vom Zeichenbüro muß dagegen verlangt werden, daß es jedes Werkstück einzeln herauszeichnet und so die Maße einträgt, daß der Anreißer nicht rechnen, also Maße nicht addieren und subtrahieren muß, denn es hält ihn unnötig auf und bildet eine Quelle von Fehlern.

14. Unterteilung des Anreißens. Weiter muß der Anreißer grundsätzlich dafür Verständnis haben, wie das Werkstück in Angriff zu nehmen und wie es dann weiter und fertig zu bearbeiten ist. Denn nur in den seltensten Fällen kann das Werkstück in nur einer Aufspannung vollständig bearbeitet und daher auch gleich vollständig angerissen werden. Vielmehr wird es fast immer in mehreren Stufen, Hand in Hand gehend mit der Bearbeitung, angerissen werden müssen, und zwar jedesmal soweit, wie es für die nächste Arbeitsstufe erforderlich und zweckmäßig ist. Sind z. B. auf einer geraden Fläche Löcher anzureißen, so kann es erst dann geschehen, wenn die Fläche bearbeitet ist, und diese Fläche kann schließlich erst dann nach Vorriß bearbeitet werden, wenn eine rechtwinklig daran angrenzende Fläche fertiggestellt und auf ihr die Bearbeitungslinie für die erste Fläche angerissen ist. Das Werkstück wird also abwechselnd teilweise angerissen, bearbeitet, wieder angerissen usw. bis es fertig ist. Um nun auf alle Fälle zu verhüten, daß ein Werkstück zu weit oder an falscher Stelle angerissen wird, muß der Anreißer dann, wenn über die Reihenfolge der Bearbeitung keine Klarheit besteht, diese erst schaffen. In gut organisierten Betrieben wird dem Anreißer mit der Zeichnung auch eine Arbeitsanweisung übergeben werden, nach der er sich beim Anreißen zu richten hat.

15. Vorbereitung der Werkstücke zum Anreißen und das Reißen der Linien. Zum Reißen von Linien auf Gußeisen, Stahl und anderen metallischen Werkstoffen verwendet man hauptsächlich die Reißnadel mit gehärteter Spitze. Die Linien müssen so fein wie möglich sein, um die Arbeitsflächen genau begrenzen zu können. Die Feinheit der Linien hängt nun aber nicht allein von der Schärfe und Härte der Reißnadelspitze ab, sondern in großem Maße auch von der Oberfläche des anzureißenden Werkstückes. Auf einer rauhen Oberfläche werden die Linien naturgemäß viel kräftiger gerissen werden müssen und daher viel stärker ausfallen, als auf einer glatten Oberfläche. Eine schlechte Anreißoberfläche haben rohe Gußstücke, eine bessere rohe Schmiedestücke. Auch bearbeitete Flächen lassen sich nicht immer gleich gut anreißen: alle mit einem spitzen Schneidstahl bearbeitete Flächen sind zum Anreißen sehr ungeeignet, denn die Reißnadelspitze läßt sich sehr leicht durch die Spanrillen ablenken. Sehr gut lassen sich dagegen gefräste Flächen anreißen, da sie keine Riefen haben. Alle zum Anreißen schlecht oder ganz ungeeignete Oberflächen müssen vor dem Anreißen verbessert werden. Das geschieht bei rohen Flächen dadurch, daß man sie mit einem Anstrich versieht. Man erzielt dadurch nicht nur eine glattere Oberfläche, sondern die Linien treten dadurch auch viel klarer hervor. Aus diesem Grunde streicht man meistens auch glatte bearbeitete Flächen an. Als Anstrichfarbe für das rohe Werkstück nimmt man Schlemmkreide, die in Wasser gelöst ist, mit einem geringen Zusatz von Leinöl und Sikkativ. Den oft gebräuchlichen Leimzusatz vermeide man, weil dadurch die Mischung nach kurzer Zeit einen üblen Geruch annimmt. Für vorgearbeitete große Flächen ist eine mit Fuchsin rot gefärbte dünne Lösung von Schellack in 96%igem Spiritus zu empfehlen, da dieser Anstrich weit feinkörniger und haltbarer ist und sich auf diesem harten, roten Untergrund die metallglänzenden Reißstriche scharf und deutlich hervorheben. Die bearbeiteten Flächen kleiner Maschinenteile werden meistens verkupfert. Hierzu wird Kupfervitriol in Wasser gelöst und die Lösung mit einem Pinsel auf dem Arbeitsstück verstrichen. Ist der Anstrich trocken, so zeigt sich eine sehr haltbare kupferne Färbung der vorgearbeiteten Flächen, die die Reißstriche sofort glänzend hervortreten läßt. Bei sehr genauen Anreißarbeiten muß die Oberfläche sehr sauber vor dem Verkupfern geglättet werden. Werden die Flächen poliert, so erübrigt sich das Verkupfern.

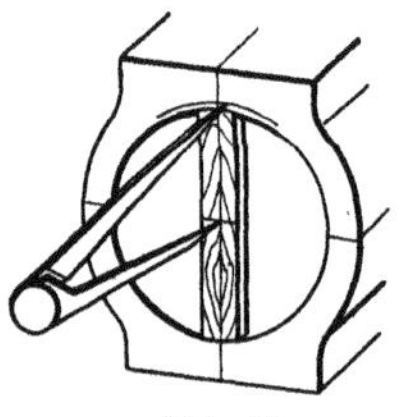

Abb. 53. Durch Einsetzen eines Mittenstabes zum Anreißen vorbereitetes Werkstück.

Eine weitere vorbereitende Maßnahme zum Anreißen ist das Einsetzen der Mittenstäbe. Um vorgegossene Bohrungen oder von solchen ausgehend andere Stellen anreißen zu können, muß man in die Bohrung sogenannte Mittenstäbe einsetzen, damit zunächst der Mittelpunkt durch die Mittellinien festgelegt und dann die Zirkelspitze im Schnittpunkt eingesetzt werden kann (Abb. 53). Man verwendet in der Regel für die Stäbe Hartholz, schneidet die Stäbe von Fall zu Fall von längeren Leisten ab und schlägt sie stramm in die Bohrung hinein. Bei genaueren Anreißarbeiten, besonders wenn die herzurichtende Bohrung schon fertig bearbeitet ist, nimmt man Stäbe aus Flacheisen, in die man für das Einsetzen der Zirkelspitze einen Körner einschlagen kann. Auch weichere Metalle, wie Blei und Kupfer verwendet man statt dessen.

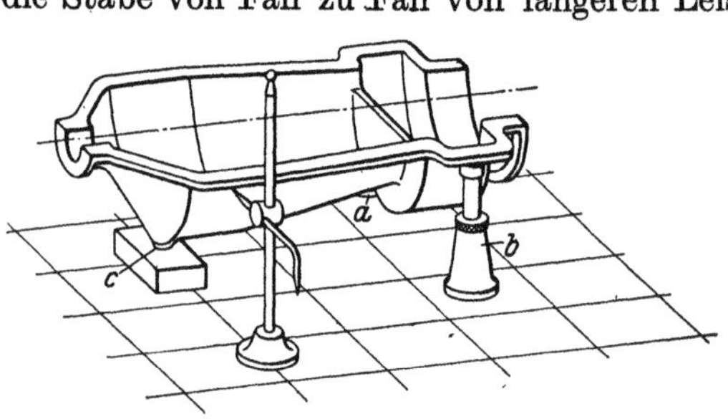

Abb. 54. Ausrichten eines Werkstückes zum Anreißen.

16. Ausrichten der Werkstücke zum Anreißen. Um rohe Werkstücke zum Anreißen auf der Platte ausrichten zu können, setzt man sie auf Unterlagen, die das Heben und Senken an beliebiger Stelle gestatten. Wenn es möglich ist, wird dabei die Dreipunktauflage gewählt, denn sie bietet die beste Gewähr für eine feste Lage. Ein Auflagepunkt kann fest sein, während die andern verstellbar sein müssen. Ein Beispiel dafür zeigt Abb. 54; *a* und *b* sind verstellbare Schraubenstützen, mit denen das Werkstück gehoben oder gesenkt werden kann, während der Auflagepunkt *c* unveränderlich ist. Bereits vorgearbeitete Werkstücke werden mit den bearbeiteten Flächen nach Möglichkeit unmittelbar auf die Platte oder auf Parallelstücke gestellt, wodurch sie selbsttätig die richtige Lage zum weiteren Anreißen erhalten.

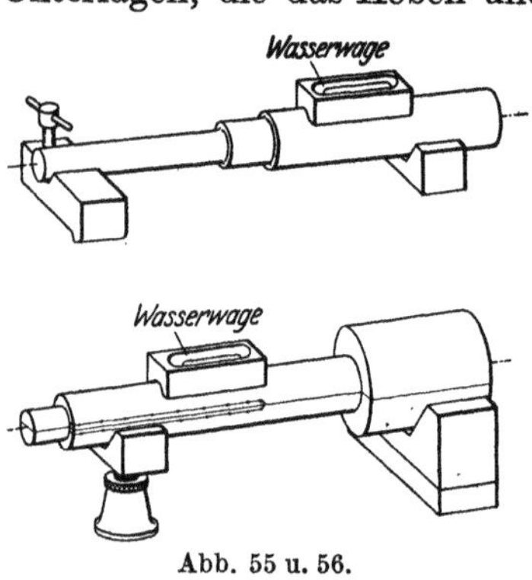

Abb. 55 u. 56. Ausrichten abgesetzter Wellen mit verstellbarem Prisma und Wasserwaage.

Rundkörper, roh oder auch bearbeitet, richtet man dadurch auf der Platte aus, daß man, wie in Abb. 55 u. 56, ein Ende in ein festes und das andere in ein verstellbares Prisma legt und dieses solange verstellt, bis die gewünschte Lage erreicht ist (Abb. 57). Um bei bearbeiteten Teilen eine genau parallele Lage zur Reißplatte zu erzielen, verwendet man, wie in Abb. 55 u. 56 angedeutet, eine Wasserwaage. Ist das praktisch aus irgendeinem Grunde nicht möglich, so nimmt man dazu auch Maßklötze, die die höchste Genauigkeit verbürgen. Abb. 58 zeigt dafür ein Beispiel; das Ausrichten einer mehrhübigen Kurbelwelle.

Schwere und umfangreiche Rundkörper kann man in prismatischen Unterlagen nicht ohne größere Anstrengung oder überhaupt nicht mehr von Hand verdrehen, wie es beim Anreißen erforderlich ist. Man verwendet dann *Rollenuntersätze* der Art, wie sie in Abb. 15 und 16 dargestellt sind. Die Abb. 59 läßt einen derartigen Aufbau eines schweren Drehkörpers auf Rollenuntersätzen erkennen.

Abb. 57. Schweres Dampfturbinen-Spindelvorderteil auf festem und verstellbarem Prisma.

17. Bestimmung der Mittelebenen beim Ausrichten. Das Ausrichten roher Werkstücke zum Anreißen für die erste Arbeitsstufe ist um so schwieriger, je größer die Zahl der einzelnen Arbeitsstufen ist, die das Werkstück zu durchlaufen hat. Man geht in der Weise vor, daß man zunächst die Mittelebenen gemäß der Zeichnung durch einige Punkte rings um das Werkstück herum bestimmt und sodann die so bestimmten Ebenen parallel zur Auflageebene der Reißplatte bzw. zur Ausgangsebene des Reißwinkelkastens ausrichtet. Jetzt prüft man mit einem Parallelreißer nach, ob an allen zu bearbeitenden Stellen die Bearbeitungszugabe ausreicht. Ist sie da und dort zu knapp, an entgegengesetzten Stellen aber zu reichlich bemessen, so muß die Mittelebene berichtigt und das Werkstück auf der Platte nachgerichtet werden.

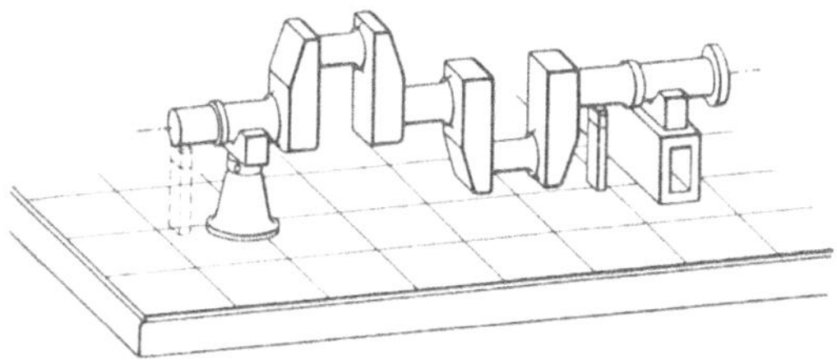

Abb. 58. Ausrichten einer mehrhübigen Kurbelwelle mit verstellbarem Prisma und Maßklötzen.

Erst dann, wenn man sich davon überzeugt hat, daß an allen Stellen genügend Bearbeitungszugabe vorhanden ist, kann man mit dem eigentlichen Anreißen sowohl der Mittellinien als auch aller Bearbeitungslinien beginnen, das dann nur noch ein Übertragen der Zeichnungsmaße auf das Werkstück ist. Das Bestimmen der Mittelebenen bzw. das Ausrichten des Werkstükkes nach diesem Verfahren ist noch verhältnismäßig einfach, wenn das Werkstück keine nennenswerten Fehler hat. Die eigentlichen Schwierigkeiten, die vom Anreißer Überlegung erfordern, treten erst dann auf, wenn sich am rohen Werk-

Abb. 59. 3teiliger schwerer Rotorkörper auf Rollenuntersätzen.

stück größere Fehler zeigen, z. B. versetzte Kerne und Augen. Selbst bei verhältnismäßig einfachen Stücken unterlaufen dann leicht Fehler beim Anreißen. Durch Beachtung bestimmter Richtlinien können sie jedoch vermieden werden, wie im folgenden an Hand einiger charakteristischer Beispiele gezeigt werden soll:

An dem Kolben Abb. 60 sei der Kern beim Gießen stark verlagert worden. Die Wände sind am Bodenende des rohen Kolbens daher verschieden stark; die schwächste Stelle liegt jedoch noch über dem vorgeschriebenen Zeichnungsmaß. Wollte man nun den Kolben nach der äußeren Fläche ausrichten, bzw. die Mittelebenen danach bestimmen, so würde der Kolben durch die dadurch bedingte gleichmäßige Spanabnahme an einer Seite zu schwach und somit unbrauchbar werden. Das Vorgehen wäre also falsch. Richtig ist es, den Kolben nach der inneren Fläche anzureißen. Beim nächsten Beispiel (Abb. 61) ist es umgekehrt. Das Werkstück, ein Rohrstutzen, wird von innen bearbeitet. Beim Anreißen muß deshalb von außen ausgegangen werden. In beiden Fällen werden so die Gießfehler, die Kernverlagerungen, bei der Bearbeitung beseitigt und die Wandstärken ausgeglichen. Der Dreher hat dadurch zwar mehr Arbeit, denn er muß zunächst das Übermaß an Werkstoff durch einen besonderen Schnitt herunter nehmen; dafür werden aber einwandfreie Werkstücke mit gleichmäßigen Wandstärken geliefert. Bei noch größeren Gießfehlern, wenn die Bearbeitungszugabe nicht mehr zureicht, beginnt dann das Vermitteln zwischen Gießfehlern und den vorgeschriebenen Zeichnungsmaßen. Das bedeutet, daß man die Anreißmittelebenen so viel verlegt, wie gerade nur notwendig ist, um die Fläche beim Bearbeiten noch rein zu bekommen. Wie weit man dabei gehen darf, hängt von verschiedenen Umständen ab und muß von Fall zu Fall von einer höheren Stelle entschieden werden.

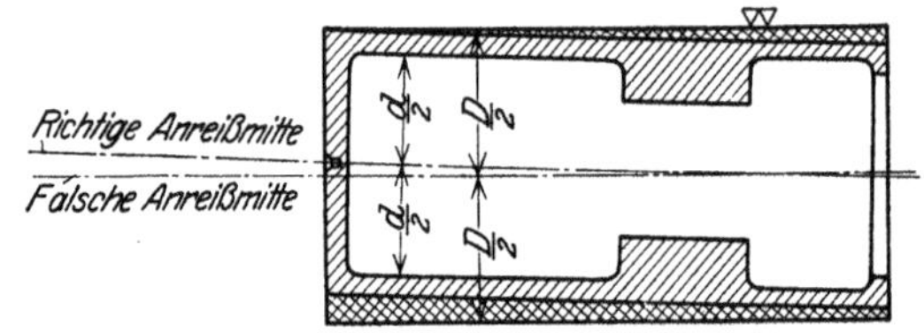

Abb. 60. Bestimmung der richtigen Anreißmitte nach der schief gegossenen Bohrung.

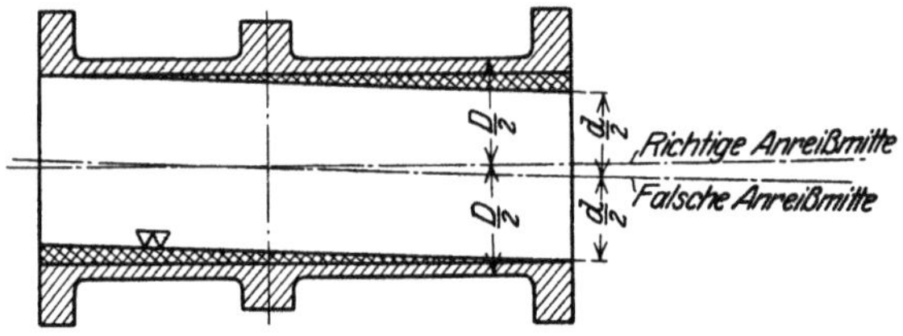

Abb. 61. Bestimmung der richtigen Anreißmitte nach der Außenwand.

Wird an einem Werkstück weder die innere, noch die äußere Oberfläche vollständig bearbeitet, so ist natürlich nur die äußere sichtbare Oberfläche maßgebend. Andernfalls treten vorkommende Gießfehler als Schönheitsfehler offensichtlich zu Tage. An dem Motorkühlwasserbehälter (Abb. 62) mit stark verlagertem Kern werden innen nur die beiden Öffnungen für die Aufnahme der Laufbuchse bearbeitet, die auch die gleiche Verlagerung zeigen, und außen nur einige Anpaßflächen. Der Anreißer hat hier zunächst die Stärke der durch die Kernverlagerung geschwächten Wände nachzuprüfen, die in der Regel immer noch stark genug sein werden, da sie aus gießtechnischen Gründen von vorneherein immer stärker als notwendig gehalten werden. In Zweifelsfällen muß die Entscheidung, ob das Stück noch brauchbar ist, von höherer Stelle getroffen werden. Die Mittelebenen sind sodann nach der äußeren Oberfläche anzureißen. Erst dann, wenn sich herausstellt, daß die zu bearbeitenden Bohrungen nicht auskommen, darf ein wenig vermittelt werden.

Daß durch richtiges Anreißen auch gröbere Gießfehler ganz oder teilweise bei der späteren Bearbeitung beseitigt werden, dafür diese Bearbeitung aber ein Mehr an Arbeit erfordert, weil das durch den Versatz an einer Seite entstandene Übermaß zunächst durch einen Vorschnitt beseitigt werden muß, davon ist oben bereits gesprochen. Der Anreißer darf sich nun durch Niemanden beeinflussen lassen, darf nicht zugunsten einer schnelleren Bearbeitung vermitteln oder mehr vermitteln als erforderlich ist.

Die besprochenen einfachen Beispiele zeigen, worauf es im wesentlichsten ankommt. Bei weniger einfachen Werkstücken mit mehreren nicht zusammenhängenden Kernen, von denen der eine in dieser, der andere in einer andern Richtung verlagert sein kann, oder wenn am Modell zahlreiche Teile, wie Lochwarzen, Arbeitsleisten und sonstige Vorsprünge, angesteckt werden müssen, die beim Einformen sehr leicht verlagert werden können, muß meistens etwas vermittelt werden. Bestimmte Richtlinien lassen sich dafür jedoch kaum aufstellen, denn jeder Fall ist anders und muß nach besonderen Gesichtspunkten überlegt werden. Gute Arbeit kann nur geleistet werden, wenn der Anreißer viel Geschick und Verständnis mitbringt.

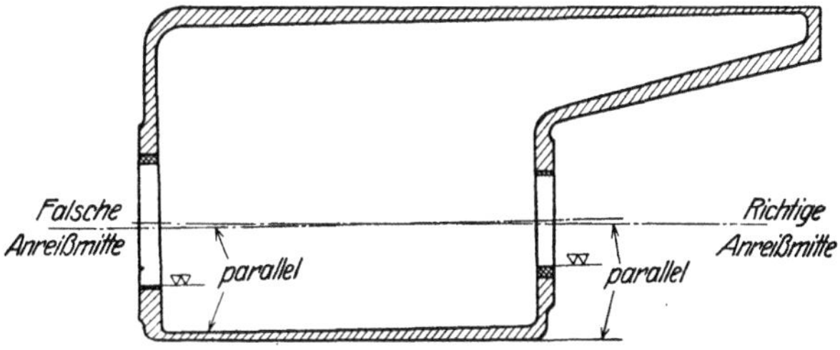

Abb. 62. Bestimmung der richtigen Anreißmitte nach der Außenwand.

18. Beseitigung von Gieß- und Modellfehlern durch Zeichnungsänderung. An erstmalig abgegossenen Werkstücken zeigen sich außer den reinen Gießfehlern manchmal auch Fehler, die auf eine unrichtige Ausführung des Modells zurückzuführen sind. Wird durch diese Fehler kein Bearbeitungsmaß betroffen, so sind sie in der Regel auch belanglos. Andernfalls kann man sie aber dadurch beseitigen, daß man die Zeichnung entsprechend den Fehlern, also den tatsächlichen Maßen am Werkstück, abändern läßt. Voraussetzung dafür ist jedoch, daß die Zweckmäßigkeit der Konstruktion nicht leidet. Die Entscheidung darüber kann natürlich nur vom Konstruktionsbüro selbst getroffen werden. Dasselbe trifft auch für reine Gießfehler zu. Erst dann, wenn die Zeichnung geändert ist, darf das Werkstück nach den geänderten Maßen angerissen werden. Keineswegs darf der Anreißer Bearbeitungsmaße irgend welcher Art, auch wenn die Konstruktion dadurch nicht betroffen wird, abweichend von den Zeichnungsmaßen anreißen. Das gilt auch für Schraubenlöcher, die sehr häufig nach Raumbedarf, also so angerissen werden müssen, daß die Schraubenköpfe und Muttern nicht bloß vorbeigehen, sondern auch mit dem Schlüssel angezogen werden können, was vom Konstrukteur entweder nicht genügend berücksichtigt wurde oder wegen Gieß- oder Modellfehlern nicht möglich gewesen wäre.

IV. Anreißverfahren.

19. Anreißen auf geraden Flächen. Das Anreißen gerader oder auch gekrümmter Linien auf geraden Flächen gehört zu den einfachsten Anreißarbeiten. Anreißgerät sind Lineal, Winkel, Zirkel und Reißnadel. Sofern eine große Genauigkeit verlangt wird, ist auch noch ein Satz Maßklötze unbedingt erforderlich. Die Reißplatte spielt nur eine untergeordnete Rolle, dient in der Regel nur als Werktisch und ist daher, abgesehen von besonderen Fällen, entbehrlich. Abb. 63 zeigt das Anreißen paralleler Linien auf einer Blechtafel. Zu dem Zweck wird auf dieser ein

Lineal mit Schraubzwingen leicht befestigt, an dem man einen Winkel zum Reißen der Linien in beliebigen Abständen voneinander anschlagen kann. Die Abstände werden bei genaueren Arbeiten durch Maßklötze bestimmt. Abb. 64 zeigt das Anreißen paralleler Linien nach einem noch genaueren Verfahren: die Linien werden unmittelbar am Maßklotz in der Weise angerissen, daß dieser mit angelegter Reißnadel am Lineal verschoben wird. Das gleiche gilt natürlich auch für das Anreißen paralleler Linien am angelegten Winkel. Auf diese Art erhält man also auch sich kreuzende Linien.

Sehr genau angerissene Linien müssen selbstverständlich auch sehr genau angekörnt werden, besonders die Schnittpunkte für die Mittelpunkte der anzureißenden Kreisbögen. Das in Abb. 46 dargestellte Ankörnwerkzeug leistet dabei die besten Dienste. Der untere Teil des Werkzeuges hat eine quadratische Grundfläche und ist mit Endmaßgenauigkeit hergestellt. Die Bohrung liegt genau in der Mitte, so daß die zentrisch sitzende Spitze des unter Federdruck stehenden Körners beim Anschlagen einer beliebigen Fläche des unteren Teiles an ein Lineal oder an ein zwischengelegtes Endmaß stets das gleiche bestimmte Maß ankörnen muß, das der halben Seitenlänge der quadratischen Grundfläche entspricht. Abb. 65 zeigt die Anwendung des Werkzeuges. Dabei erübrigt es sich, den Schnittpunkt vorher durch zwei sich kreuzende Linien anzureißen.

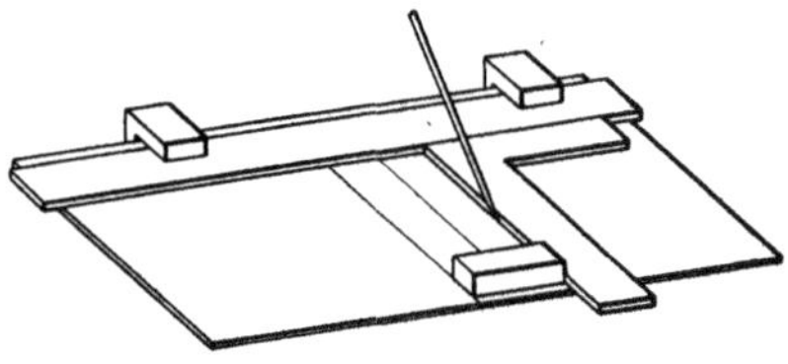

Abb. 63.

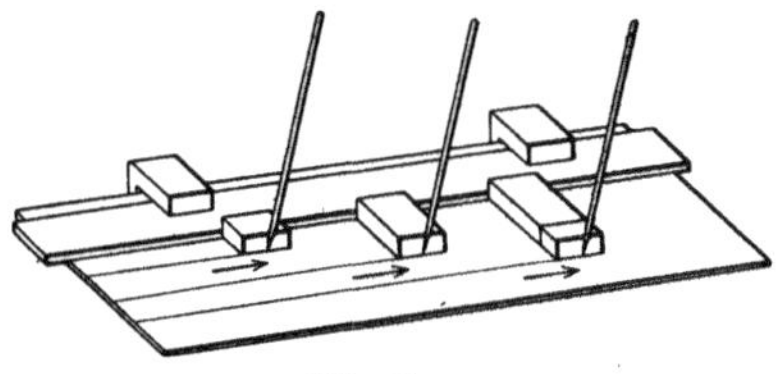

Abb. 64.

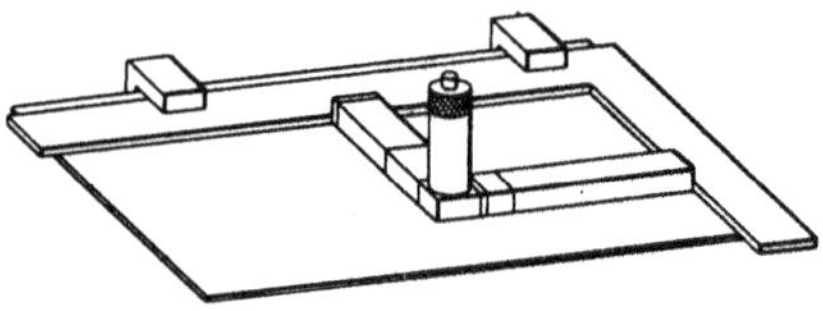

Abb. 65.

Abb. 63—65. Anreißen auf geraden Flächen.

20. Anreißen auf gekrümmten Flächen. Linien auf gekrümmten Flächen, Durchdringungen mit Schnittebenen, kann man nicht mit Lineal, Winkel und Reißnadel, also mit den Werkzeugen anreißen, wie sie hauptsächlich im vorigen Abschnitt angewendet wurden, sondern nur mit dem Parallelreißer oder auch mit dem Flachreißer, ausgehend von der geraden Ebene der Reißplatte oder des Reißwinkelkastens. Auf diese Weise können an Werkstücken beliebiger Form und Oberfläche Schnittebenen in jeder gewünschten Höhe angerissen werden, die alle genau parallel zur Ausgangsebene der Reißplatte liegen (Abb. 66). Das Verfahren wird daher fast ausschließlich bei allen rohen Guß- und Schmiedeteilen angewendet, da alle ihre Flächen mehr oder weniger uneben ausfallen. Die gewünschten Abstände der anzureißenden Schnittebenen voneinander bzw. von der Ausgangsebene der Reißplatte erhält man dadurch, daß man die Reißnadelspitze an einem Höhenmaßstab auf das betreffende Maß einstellt. Die dabei zu erzielende Genauigkeit ist nicht sehr groß und beträgt etwa $\pm 0{,}1 \div 0{,}2$ mm. Ist eine höhere Genauigkeit erforderlich, so kommt nur das Anreißen mit dem Flachreißer in Frage, das jedoch fast nur in Werkzeugmachereien benutzt wird; denn im allgemeinen Maschinenbau genügt die Anreißgenauigkeit des Parallelreißers vollkommen.

Das Abgreifen der Maße mit dem Parallelreißer ist eine so wichtige Angelegenheit, daß es noch einer weiteren Erläuterung bedarf: Dadurch, daß oftmals ungeeignete Maßstäbe angewendet werden und ferner dadurch, daß manchmal die

Maße in den Werkzeichnungen sehr unpraktisch eingetragen sind, ist der Anreißer gezwungen, zuerst den Maßstrich des Maßstabes zu errechnen, auf den er die Reißnadelspitze einstellen muß. Das hält nicht nur auf, sondern es können auch Rechenfehler unterlaufen mit der Folge, daß das Werkstück falsch angerissen und bearbeitet wird. Durch Verwendung eines Verbundhöhenmaßstabes (s. auch Abschnitt 5) kann man das Umrechnen vermeiden, denn dieser Maßstab kann stets so eingestellt werden, daß man die Reißnadel des Parallelreißers entweder auf den durch das Zeichnungsmaß benannten Maßstrich oder den Nullstrich des Maßstabes einzustellen hat. Dabei können Fehler kaum noch unterlaufen. In Abb. 67 u. 68 ist das Abgreifen der Maße mit einem derartigen Maßstab dargestellt. In Abb. 67 ist an einem Werkstück zunächst die Mittellinie *a*—*a* mit einer Entfernung von 290 mm von der Sohle anzureißen. Da das Werkstück unmittelbar auf der Reißplatte steht, so kann die Reißnadelspitze an dem festen Maßstab sofort auf den Maßstrich 290 eingestellt werden. Des weiteren sind von der gerissenen Mittellinie *a*—*a* ausgehend, nach oben die Maße 140 und 180 anzureißen. Zu dem Zweck wird der mittlere verstellbare Maßstab mit seinem Nullstrich auf den Maßstrich 290 eingestellt und nun

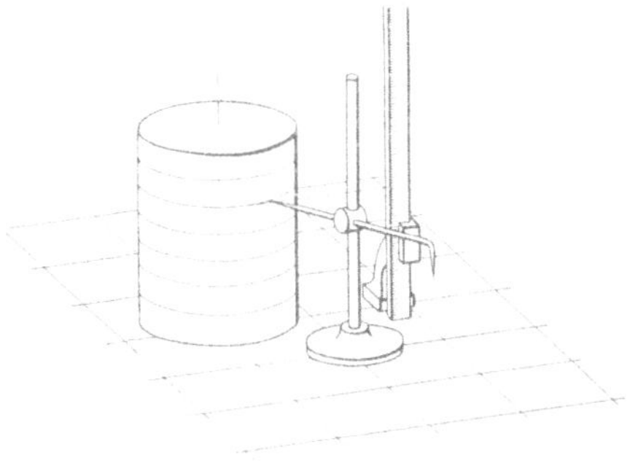

Abb. 66. Anreißen auf gekrümmter Fläche mit Parallelreißer.

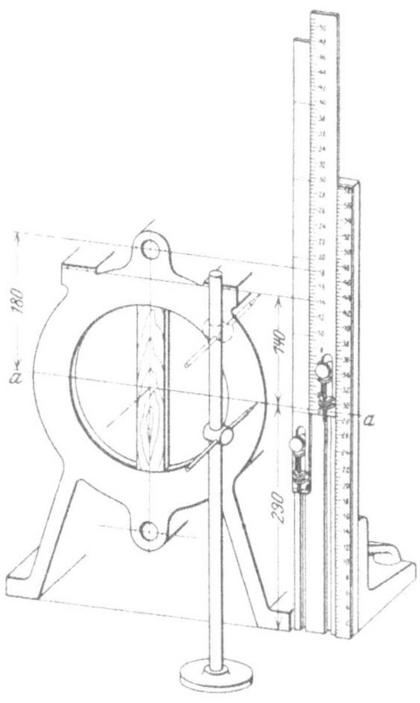

Abb. 67.

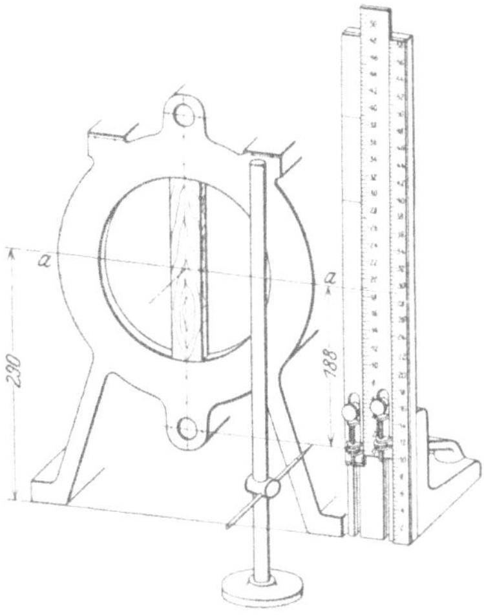

Abb. 68.

Abb. 67 u. 68. Abgreifen der Maße vom Verbundhöhenmaßstab beim Anreißen mit Parallelreißer.

kann die Reißnadelspitze gleichfalls sofort auf den Maßstrich 140 bzw. 180 eingestellt werden. In Abb. 68 wird an dem gleichen Werkstück noch das Einstellen des Parallelreißers auf das Maß 188 ebenfalls von der Mittellinie *a*—*a* ausgehend, doch nach unten, gezeigt. Der linke Maßstab (der die Stelle des Schiebers *C* in Abb. 25 vertritt) wird zunächst mit einem beliebigen Teilungsstrich auf den Nullstrich des mittleren bzw. auf den Teilungsstrich 290 des rechten festen Maßstabes eingestellt und sodann der mittlere Maßstab soweit herunter geschoben, bis sich der Teilungsstrich 188 mit dem Teilungsstrich 290 bzw. dem Teilungsstrich des linken Maßstabes deckt. Um nun das Maß 188 anreißen zu können, wird die Reißnadelspitze auf den Nullstrich des mittleren Maßstabes eingestellt.

21. Anreißen rechtwinklig oder in beliebigen andern Winkeln zueinander geneigter Schnittebenen. In den weitaus meisten Fällen sind nicht nur parallele, sondern auch rechtwinklig oder auch in einem andern Winkel zueinander liegende Schnittebenen anzureißen. Für das Anreißen der Neigungsebenen sind verschiedene Verfahren anwendbar, die sich jeweils aus der Form des anzureißenden Werkstückes und den besonderen Umständen ergeben. Im nachfolgenden werden einzelne Verfahren an Hand einiger Beispiele erläutert.

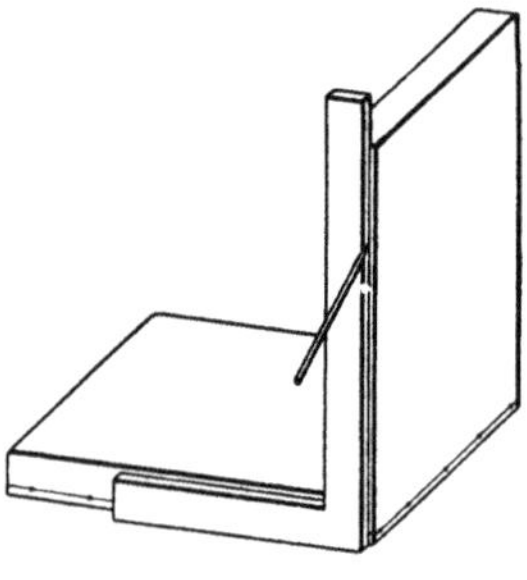

Abb. 69.

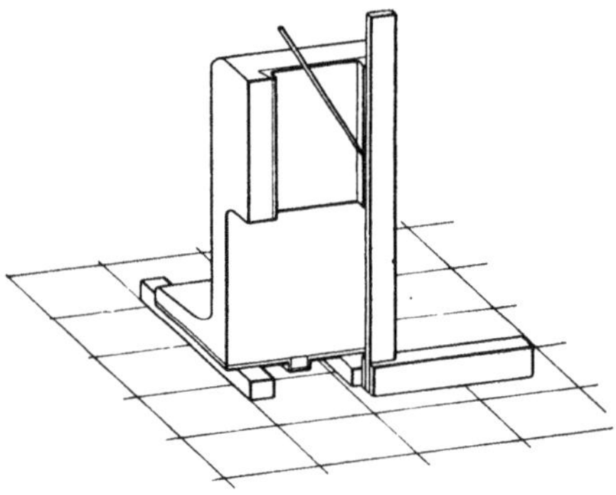

Abb. 70.

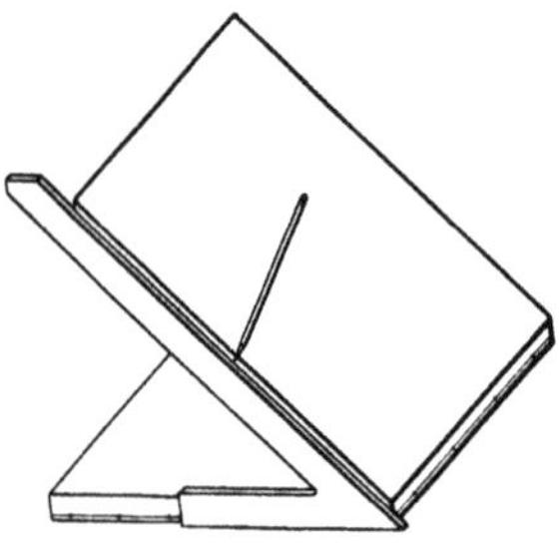

Abb. 71.

Abb. 69÷71. Anreißen geneigter Ebenen mit Winkellinealen.

a) Anreißen mit dem Winkellineal. Es ist nicht immer erforderlich, Schnittebenen am ganzen Umfange des Werkstückes anzureißen, sondern es genügt oft, sie nur durch eine Linie auf einer geraden Fläche anzudeuten. In solchen Fällen kann man dann also auch zu bereits angerissenen waagerechten Schnittebenen durch Anlegen eines Winkellineals geneigte Ebenen anreißen, ohne das Werkstück nach dem Anreißen der waagerechten Ebene in seiner Lage auf der Reißplatte verändern zu müssen. Abb. 69÷71 zeigen dafür einige Beispiele. Muß die Neigungsebene jedoch am ganzen Umfange angerissen werden, was aus verschiedenen Gründen erforderlich sein kann, oder ist die zum Anreißen in Frage kommende Fläche gekrümmt oder so uneben, daß man sie mit einem Lineal nicht anreißen kann, so muß eins der beiden nächsten Verfahren angewendet werden.

b) Anreißen mit Parallelreißer und durch Umkanten des Werkstückes. Man reißt zunächst mit dem Parallelreißer von der Reißplatte ausgehend alle waagerechten Schnittebenen an (Abb. 72). Dann verfährt man weiter wie in Abb. 73: man kantet das Werkstück um 90°, richtet es nach einer Rißlinie mit einem Winkellineal aus und reißt dann, wieder mit dem Parallelreißer und von der Reißplatte ausgehend, die Schnittebenen an, die die zuerst angerissenen in dem gewünschten Winkel, in diesem Falle 90°, schneiden. Zum Ausrichten wählt man stets die längsten Rißlinien auf gerader Fläche aus, die naturgemäß die größte Genauigkeit gewährleisten, in diesem Fall also die auf der Sohle befindliche Rißlinie. Oftmals ist es gar nicht möglich, das Werkstück mit einem Winkellineal nach vorhandenen Rißlinien auszurichten, z. B. wenn die angerissene Fläche gekrümmt oder die angerissene Linie zu kurz zum genauen Ausrichten ist. Das Ausrichten ist auch dann nicht gut möglich, wenn die angerissene Linie zwar lang genug zum Ausrichten ist, sich jedoch auf einer Fläche befindet, die nicht rechtwinklig zur Platte steht. In solchen Fällen ist dann das folgende Verfahren anzuwenden:

c) Anreißen mit Parallelreißer ohne Umkanten des Werkstückes. Es wird ein Reißwinkelkasten zu Hilfe genommen, den man hochkant neben das Werkstück auf die Reißplatte stellt. Das Werkstück wird nun, sowohl von der Reißplatte, als auch von dem Reißwinkelkasten ausgehend, zunächst ausgerichtet. Dann reißt man mit dem Parallelreißer, ausgehend von dem Reißwinkelkasten, die senkrechten (Abb. 74, S. 24) und ausgehend von der Reißplatte, die waagerechten Schnittebenen an (Abb. 75, S. 24). Sind außerdem noch andere senkrechte Ebenen anzureißen, z. B. solche, die die zuerst angerissenen um 90° schneiden, so dreht man den Reißwinkelkasten um 90° herum und verfährt wie oben. Um beim Drehen genau den Winkel von 90°, oder auch einen andern erforderlichen Winkel, einhalten zu können, müssen von Anfang an die Richtnuten der Reißplatte beachtet werden. Der Reißwinkelkasten ist also, wie in Abschnitt 2 erläutert, mit Hilfe einer Führungsleiste nach diesen Nuten oder von diesen ausgehend mit einem Gradwinkel auszurichten. Man wird das obige Verfahren auch dann anwenden, wenn zwar auch die Vorbedingungen für ein Anreißen nach b) gegeben sind, das Werkstück aber zum Umkanten zu schwer und unhandlich ist, besonders dann, wenn nur wenige Linien anzureißen sind.

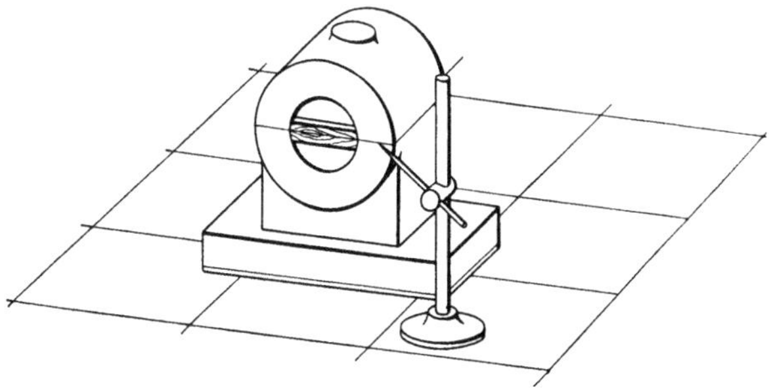

Abb. 72.

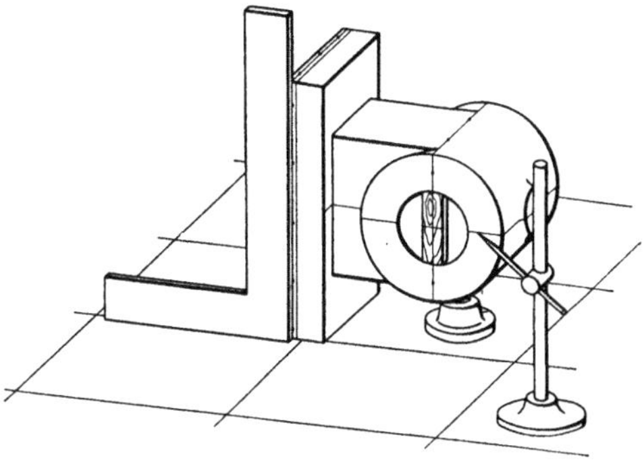

Abb. 73.

Abb. 72 u. 73. Anreißen sich senkrecht schneidender Ebenen mit Parallelreißer durch Umkanten des Werkstückes.

d) Anreißen nach dem Verbundverfahren. Endlich kann man auch noch die Verfahren b) und c) miteinander vereinigen. Bei geringen Anreißhöhen macht das Anreißen mit dem Parallelreißer von der senkrechten Ausgangsebene des Reißwinkelkastens ausgehend keine Schwierigkeiten. Man kann dann einen leichten Parallelreißer verwenden, den man in waagerechter Lage bequem an dem Reißwinkelkasten verschieben kann. Bei großen Anreißhöhen muß man jedoch auch verhältnismäßig schwere Parallelreißer benutzen, mit denen das Anreißen in waagerechter Lage zu unhandlich wird. Kann man also ein Werkstück zum Anreißen der Neigungsebenen nicht mit einem Winkellineal ausrichten, so wird man, wenn das Anreißverfahren nach c) aus den eben erwähnten Gründen nicht zweckmäßig erscheint, das Werkstück von einem zu dem Zweck aufgestellten Reißwinkelkasten ausrichten. Man richtet dann in der Weise aus, daß man nach dem Umkanten des Werkstückes die angerissenen Ebenen in eine parallele Lage zur Ausgangsebene des Reißwinkelkastens bringt. Man kann dazu ebenso wie beim Anreißen selbst einen Parallelreißer verwenden, oder auch einen Maßstab, den man senkrecht zur Ausgangsebene des Reißwinkelkastens an verschiedenen Stellen des Werkstückes anlegt.

22. Anreißen auf ungleichen Höhen. Hat man an einfachen Werkstücken nur Längenmaße, z. B. für das Bohren von Löchern anzureißen, so wird man meistens das Verfahren nach Abschnitt 19 anwenden können und wird die Masse nicht mit dem Parallelreißer, sondern unmittelbar vom Maßstab aus oder mit dem Spitz- oder Stangenzirkel anreißen, sofern die anzureißende Fläche wirklich nur eine Ebene ist. Sind jedoch Ansätze z. B. Lochwarzen vorhanden, so daß man auf verschieden hohen Ebenen Längenmaße anreißen muß, so ist eine Abweichung vom Zeichnungsmaß beim Anreißen zu berücksichtigen, die sich durch die verschiedenen Höhen ergibt. Um die Ermittelung dieser Abweichung, bei der Fehler unterlaufen können, zu vermeiden, wird man, wenn es noch praktisch durchführbar ist, das Parallelreißverfahren anwenden. Handelt es sich z. B. um einen kurzen Hebel, so spannt man diesen ganz leicht gegen einen Reißwinkelkasten, um die Lochmitten an beiden Augen mit dem Parallelreißer anreißen zu können, wozu man die Maße vom Höhenmaßstab abgreift (Abb. 76 u. 77). Das abzugreifende Maß entspricht hierbei natürlich dem wirklichen Zeichnungsmaß. Sind die anzureißenden Mittenentfernungen von Loch zu Loch aber sehr groß, z. B. bei sehr langen Hebeln, so ist dieses Verfahren praktisch nicht mehr anwendbar, da weder Parallelreißer noch Höhenmaßstab für derartige Höhen eingerichtet bezw. verwendbar sind. Auch das Ausrichten des Werkstückes in senkrechter Lage ist nicht mehr so leicht durchzuführen. Es bleibt dann nur das bereits erwähnte Verfahren nach Abschnitt 19 und das Ermitteln der Maßabweichung übrig. Das zu ermittelnde Maß für den Lochabstand auf ungleichen Höhen ist gleich der Hypotenuse (c) eines rechtwinkligen Dreiecks, dessen Katheten (a und b) gleich dem Lochabstand auf gleicher Höhe bzw. gleich dem Höhenunterschied der Lochwarzen sind. Rechnerisch läßt sich das Maß also nach dem Pythagoras ermitteln: $c = \sqrt{a^2 + b^2}$. Abb. 78 ÷ 80 zeigen, wie es auch zeichnerisch durch einen Aufriß bestimmt werden kann und mit dem Stangenzirkel abgegriffen und auf das Werkstück übertragen wird. Steht ein Winkelmaßstab (siehe Abb. 26, S. 10) zur Verfügung, so kann man sofort jedes Hypotenusenmaß für derartige Anreißarbeiten von diesem abgreifen.

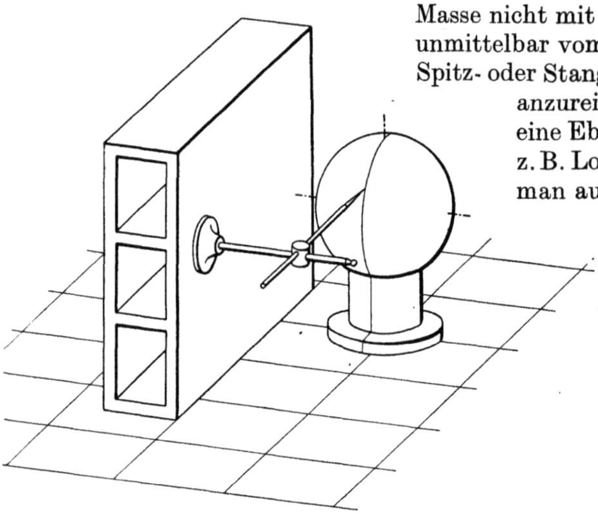

Abb. 74.

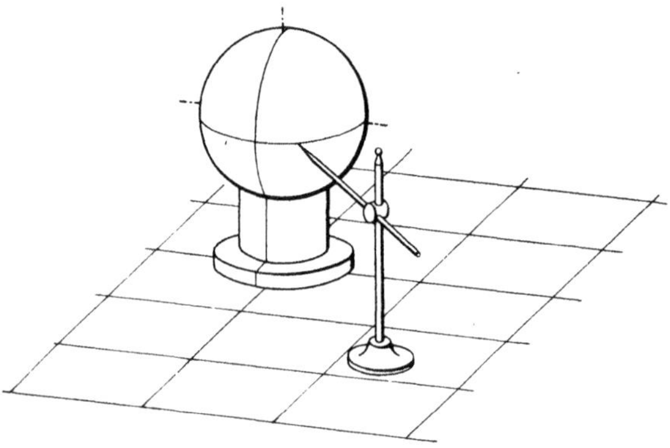

Abb. 75.

Abb. 74 u. 75. Anreißen sich senkrecht schneidender Ebenen mit Parallelreißer ohne Umkanten des Werkstückes.

Zum Anreißen von Kreisen von einem erhöhten Punkt sind die Anreißlehren (siehe Abb. 31, S. 11) besonders praktisch, die man an Hand der Werkzeichnung unter Berücksichtigung des Höhenunterschiedes gleich auf den *anzureißenden* Halbmesser einstellen kann.

23. Anreißen von Schraubenlöchern. Bohrlöcher zum Befestigen von Flanschen und sonstigen Maschinenteilen aller Art werden in der Regel ganz zuletzt nach der Bearbeitung der Arbeitsflächen angerissen. Vor dem Anreißen von Flanschbefestigungslöchern

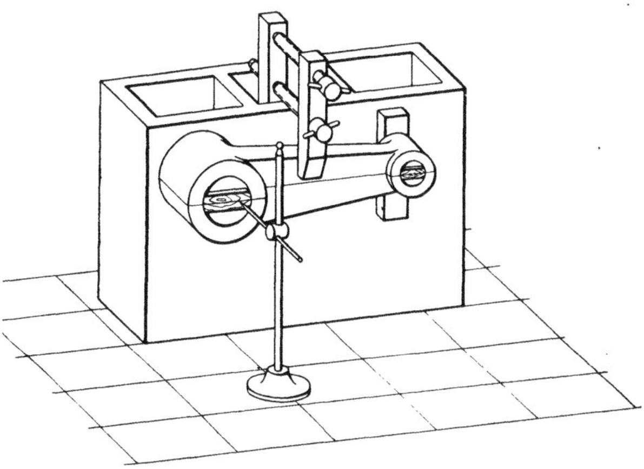

Abb. 76.

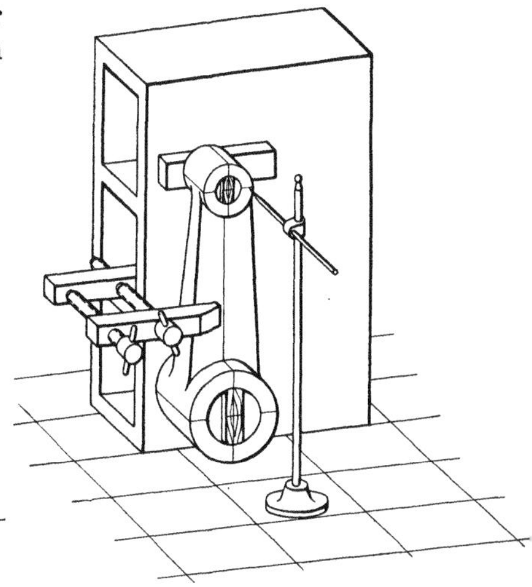

Abb. 77.

Abb. 76—77. Anreißen auf ungleichen Höhen mit Parallelreißer am Reißwinkelkasten.

ist es zweckmäßig, festzustellen, ob passende Bohrlehren vorhanden sind, die das Anreißen ersparen; denn man geht vernünftigerweise immer mehr dazu über, Lochkreise, Lochdurchmesser und Lochteilungen zu normen, um für diese Normalabmessungen Bohrlehren für eine allgemeinere Verwendung herstellen zu können. Bei der Bestimmung einer Lochgruppe am Werkstück, sei es durch Anreißen oder auch durch Auflegen einer Bohrlehre, ist grundsätzlich zu beachten, ob das mittels der Lochgruppe zu befestigende Gegenstück in einer genau bestimmten Lage zum Hauptwerkstück sitzen muß oder nicht. Die genaue Lage kann sich entweder nur beziehen auf die Entfernung von bestimmten Bezugskanten (Entfernungsbestimmung: in Abb. 81 Entfernungen durch a und b angegeben) oder auf die Richtung oder Verdrehung gegenüber einer bestimmten Achse oder Kante (Richtungsbestimmung: in Abb. 82 Richtungswinkel durch α angegeben) und ferner auch auf die zentrische Lage zu einer Bohrung. Oder die genaue Lage kann sich gleichzeitig auf Entfernungs- und Richtungsbestimmung oder auch auf Zentrierung und Richtungsbestimmung beziehen. Die Feststellung, worauf es ankommt, ist aus folgenden Gründen wichtig:

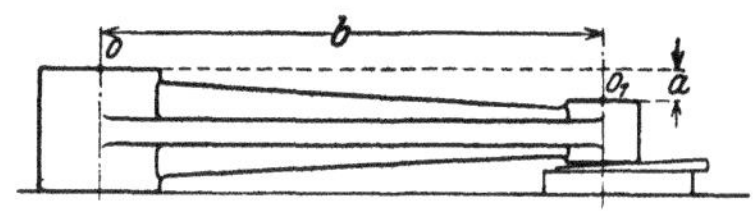

Abb. 78.

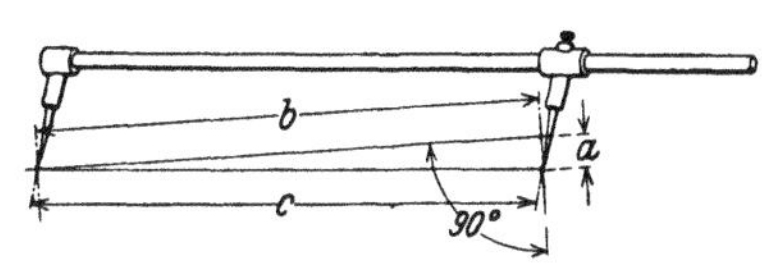

Abb. 79.

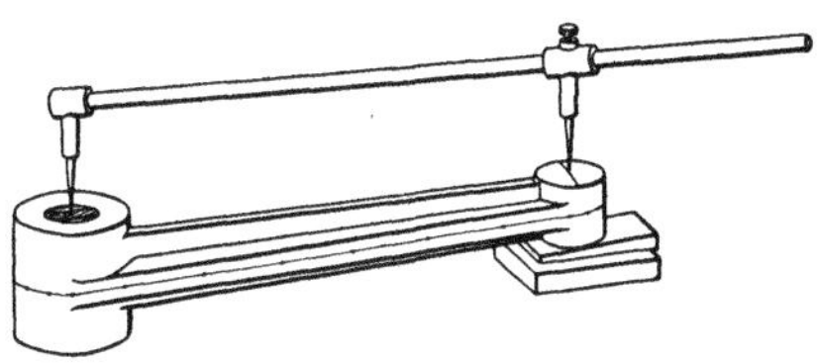

Abb. 80.

Abb. 78—80. Anreißen auf ungleichen Höhen mit Zirkel.

Zur Befestigung von Flanschen oder anderen Teilen am Hauptwerkstück sind in der Regel an diesem Arbeitsleisten vorgesehen, die in der äußeren Form dem zu befestigenden Werkstück entsprechen. Infolge von Gieß- und Modellfehlern werden sich das zu befestigende Werkstück und die Arbeitsleiste jedoch niemals ganz genau decken, wenn dieses genau bestimmt werden muß. Es zeigen sich dann immer kleinere oder größere Schönheitsfehler, die man dann später beim Zusammenbau durch Verputzen beseitigt. Um diese Arbeiten zu ersparen, bestimmt man die Lochgruppe am Werkstück nach der äußeren Form der Arbeitsleiste, wenn es auf die Lage des zu befestigenden Werkstückes nicht genau ankommt. Das ist hauptsächlich der Fall bei Flanschen für Rohranschlüsse. Man reißt hierfür die Löcher ohne Rücksicht auf eine bestimmte Lage an, also nur so, daß sich Flansch und Arbeitsleiste so genau wie möglich decken.

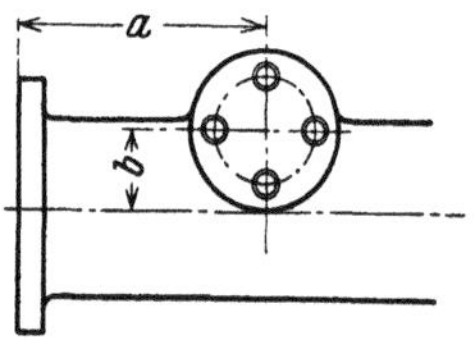

Abb. 81. Entfernungsbestimmte Lochgruppe am Werkstück.

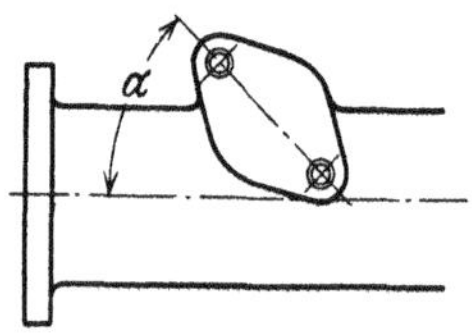

Abb. 82. Richtungsbestimmte Lochgruppe am Werkstück.

Beim Anreißen selbst, ob so oder so, werden verschiedene Verfahren angewendet. Vielfach üblich aber durchaus falsch ist das Durchreißen der Löcher: zuerst wird das zu befestigende Werkstück nach Zeichnung angerissen und ge-

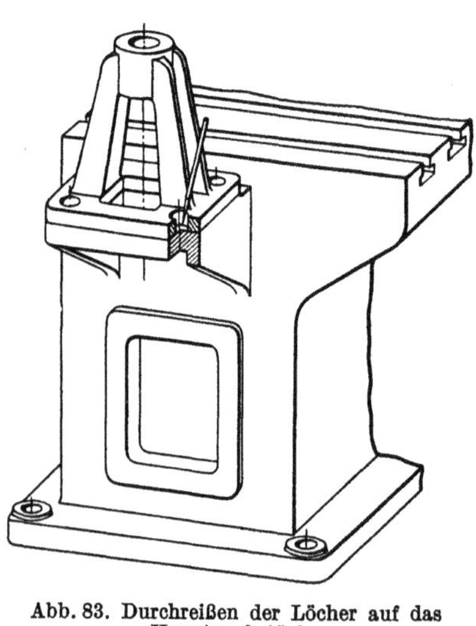
Abb. 83. Durchreißen der Löcher auf das Hauptwerkstück.

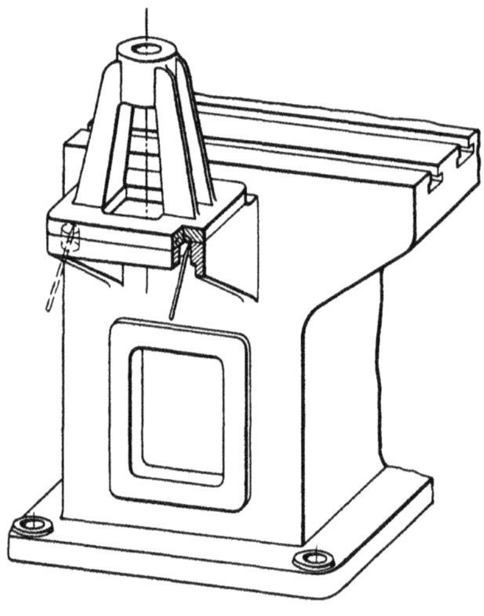
Abb. 84. Durchreißen der Löcher auf das Nebenwerkstück.

bohrt; das Anreißen der entsprechenden Löcher am Hauptwerkstück überläßt man dagegen dem Montageschlosser. Dieser setzt das in Frage kommende Stück auf die Sitzfläche des Hauptwerkstückes, richtet es nun, je nachdem es erforderlich ist, entweder nach den Umrissen der Arbeitsleiste (Sitzflächenbestimmung) oder nach bearbeiteten Bezugskanten und Bohrungen (Richtungs- und Entfernungsbestimmung bzw. Zentrierung) aus und reißt die Löcher mit der Reißnadel durch (Abb. 83), körnt sie nach Entfernung des Stückes an und gibt das angekörnte Stück zum Bohren weiter. Dieses Verfahren hat zwar den Vorteil (um dessentwillen es in vielen Werkstätten üblich ist), daß sich die Löcher so am genauesten decken und kaum jemals Nacharbeit erfordern, die Nachteile sind jedoch bei weitem größer: zunächst ist das Ausrichten bisweilen sehr zeitraubend, besonders dann, wenn dabei das zu befestigende Werkstück an dem Hauptstück mit Schraubzwingen oder anderen Hilfsmitteln befestigt werden muß. Nachteiliger sind aber noch die Folgen des Verfahrens für die Lieferung von Ersatzteilen: deren Befestigungslöcher werden dann meistens sehr schlecht oder gar nicht passen. Schon die durchzureißenden Löcher werden mit Rücksicht darauf, daß nach ihnen erst die Gegenlöcher angerissen werden, nicht so sorgfältig wie sonst gebohrt, vielmehr werden die Löcher mehr oder weniger verbohrt werden. Wenn nun nach diesen, von der Zeichnung abweichenden Löchern jene am Hauptwerkstück angerissen und schließlich auch noch etwas verbohrt werden, so können sich ganz bedeutende Abweichungen für den Sitz der Löcher am Hauptwerkstück ergeben, so daß ein anderes, nach Zeichnungen gebohrtes Ersatzstück keineswegs passen kann. Von diesem Verfahren muß also dann besonders abgeraten werden, wenn mit häufiger Ersatzteillieferung gerechnet werden muß. Umgekehrt darf man das Verfahren dann eher anwenden, wenn die Löcher zuerst nach Zeichnung am Hauptwerkstück gebohrt werden können und nach diesen dann die Löcher am Nebenstück durchzureißen und zu bohren sind (Abb. 84). Nach Zeichnung gebohrte Ersatzteile werden dann bedeutend besser passen. Richtiger ist es aber in jedem Falle, das Durchreißverfahren zu vermeiden und sowohl Haupt- als Nebenwerkstück unabhängig voneinander nach Zeichnung anzureißen. Man vermeidet dadurch, daß Werkstücke vor dem Bohren, also vor der vollständigen mechanischen Fertigbearbeitung in die Montagewerkstatt gebracht werden müssen, erspart also Förderkosten. Um eine gute Übereinstimmung der Löcher zu erzielen, um ferner das Anreißen selbst zu vereinfachen und die Werkstücke zum Anreißen der Löcher nicht auf der Reißplatte aufbauen zu müssen, werden Loch-Anreißschablonen aus dünnem Blech hergestellt. Meistens verwendet man dafür 0,5÷1 mm starkes Zinkblech, auf dem sich die Anreißlinien besonders gut abheben und aus dem sich schnell mit der Handschere jede gewünschte Form ausschneiden läßt. Die äußere Form der Schablone, die der der Sitzfläche entsprechen muß, wird nicht vom Werkstück, sondern immer streng nach der Zeichnung übertragen. Die anzureißenden Löcher werden nur durch kleine etwa 2 mm große Löcher in der Schablone gekennzeichnet, durch die man dann die Lochmitten anreißt. Die Schablone muß nötigenfalls auch so bezeichnet werden, daß daraus hervorgeht, welche Seite am Hauptwerkstück und welche am Nebenwerkstück anzuliegen hat. Für eine genauere Bestimmung an den Werkstücken müssen Anhaltspunkte, wie Markenrisse, Vorsprünge u. dgl., vorgesehen werden. Nachfolgendes Beispiel (Abb. 85) zeigt ein Werkstück mit drei dazugehörigen Anreißschablonen, von denen jede nach einer anderen Art am Werkstück bestimmt wird:

Abb. 85 I zeigt zunächst eine Schablone für reine Sitzflächenbestimmung. Sie wird ohne Rücksicht auf eine bestimmte Entfernung von einer Bezugskante so am Werkstück angelegt, daß sich lediglich nur die äußeren Umrisse mit denen des Werkstückes so genau wie möglich decken. Sich etwa ergebende Längen- und Breitenunterschiede zwischen Schablone und Werkstück werden ringsum gleichmäßig verteilt.

Abb. 85 II zeigt eine Schablone, die nach der Sitzfläche und außerdem auch richtungsbestimmt wird. Zur Richtungsbestimmung sind die Einschnitte c—c vorgesehen. Die Schablone wird so am Werkstück angelegt, daß sich die Richtkanten der Einschnitte c—c mit dem Mittelriß c_1—c_1 des Werkstückes decken, oder parallel zu ihm stehen. Außerdem muß sich die Schablone am Umfange so genau wie möglich mit dem Umriß der Sitzfläche des Werkstückes decken. Die Richtungsbestimmung ist auch bei anderer z. B. elliptischer oder rechteckiger Form der Sitzfläche erforderlich, wenn nicht ein bloßer Verschlußdeckel oder Rohrflansch, sondern ein genau richtungsbestimmtes Werkstück, z. B. ein Rohrkrümmer, zu befestigen ist.

Abb. 85 III ist eine Schablone für Zentrierung und Richtungsbestimmung. Sie ist mit den vier Einschnitten a—a und b—b versehen und wird ohne Rücksicht auf die äußere Form der Sitzfläche so auf das Werkstück gelegt, daß sich alle Richtkanten der Einschnitte genau mit den Mittelrissen a_1—a_1 und b_1—b_1 des Werkstückes decken. Ist die Bohrung des Werkstückes bearbeitet, so muß man zur Zentrierung hauptsächlich auf die Bohrung Bezug nehmen. Die Schablone erhält zu dem Zweck noch besondere Durchbrüche.

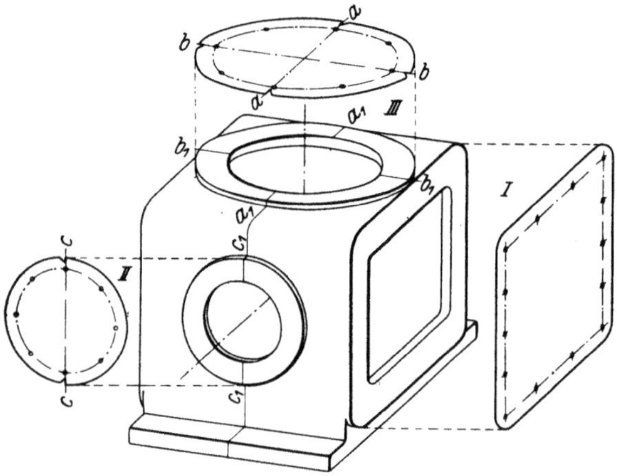

Abb. 85. Werkstück mit drei verschiedenartig bestimmten Lochanreißschablonen.

Um die Schablonen stets zweifach, also sowohl zum Anreißen des Hauptwerkstückes als auch des Nebenwerkstückes verwenden zu können, ist es oft erforderlich, für jeden Fall besondere Bezugskanten vorzusehen.

24. Anreißen von Lochteilungen auf Lochkreisen. Bei gleichmäßig auf Lochkreisen verteilten Löchern findet der Anreißer meistens kein Sehnenmaß für den Abstand der Löcher voneinander auf der Zeichnung, sondern nur einen Vermerk, wie: 25 Löcher am Umfange gleichmäßig verteilt. Er muß das Sehnenmaß für den Zirkelschlag also selbst ermitteln. Um das gern angewendete Probieren, das besonders bei größeren Lochzahlen sehr aufhält, zu vermeiden, ist es geboten, das Maß zu errechnen. Nachstehende Lochanreißtafel leistet dabei gute Dienste. Die Länge der Sehne für eine gewünschte Lochzahl ergibt sich aus der Tafel nach der Beziehung: Sehnenmaß im Einheitskreis multipliziert mit dem halben Durchmesser gleich Sehnenlänge. In nachstehendem Beispiel ist der Gebrauch der Tafel nach dieser Formel noch näher erläutert:

Die Zeichnung gebe 25 Löcher auf einen Lochkreisdurchmesser von $D = 700$ mm an. Wie groß ist die Sehnenlänge S von Lochmitte zu Lochmitte?

Nach der Formel ist: $S = s \cdot \frac{D}{2}$, worin s = Sehne im Einheitskreis für die angegebene Lochzahl 25 ist. Aus Spalte 2 der Tafel ist nun zu entnehmen, daß s für 25 Löcher 0,2507 ist. Man erhält also: $S = 0{,}2507 \cdot \frac{700}{2} = 87{,}745$ mm. Mit dem Zirkel kann das Maß kaum noch auf abgerundete Zehntelmillimeter abgegriffen werden. Werden in diesem Falle also 87,7 mm in den Zirkel genommen, so wird sich bei Einteilung von 25 Löchern immer noch eine Ungenauigkeit bis zu 2 mm ergeben, die nur durch Probieren ausgeglichen werden kann. Dieses Verfahren wird man daher nur anwenden, wenn es durch kein anderes zu ersetzen ist.

Anreißschablonen mäßiger Größe, deren Anfertigung im vorigen Abschnitt ohnehin empfohlen ist, reißt man viel schneller und genauer auf Teilapparaten an, die in vorbildlich geleiteten Betrieben zu dem Zweck an der Reißplatte zur Verfügung stehen (s. Anreißvorrichtungen).

25. Anreißen von Rundkörpern in Prisma. Abb. 86 zeigt das Verfahren, wie

Loch-Anreißtafel für beliebig große Lochkreisdurchmesser.

Lochzahl	Sehne im Einheitskreis	Lochzahl	Sehne im Einheitskreis	Lochzahl	Sehne im Einheitskreis	Lochzahl	Sehne im Einheitskreis	Lochzahl	Sehne im Einheitskreis	Lochzahl	Sehne im Einheitskreis
1	0,0000	31	0,2023	61	0,1030	91	0,0691	121	0,0521	151	0,0416
2	2,0000	32	0,1961	62	0,1014	92	0,0684	122	0,0515	152	0,0414
3	1,7321	33	0,1901	63	0,0996	93	0,0675	123	0,0512	153	0,0410
4	1,4112	34	0,1846	64	0,0982	94	0,0668	124	0,0507	154	0,0407
5	1,1756	35	0,1793	65	0,0967	95	0,0661	125	0,0503	155	0,0405
6	1,0000	36	0,1743	66	0,0951	96	0,0656	126	0,0500	156	0,0403
7	0,8678	37	0,1697	67	0,0937	97	0,0648	127	0,0494	157	0,0400
8	0,7654	38	0,1652	68	0,0923	98	0,0641	128	0,0491	158	0,0398
9	0,6840	39	0,1609	69	0,0911	99	0,0635	129	0,0487	159	0,0395
10	0,6180	40	0,1569	70	0,0897	100	0,0628	130	0,0484	160	0,0393
11	0,5635	41	0,1531	71	0,0884	101	0,0621	131	0,0480	161	0,0391
12	0,5176	42	0,1494	72	0,0872	102	0,0616	132	0,0477	162	0,0388
13	0,4786	43	0,1459	73	0,0860	103	0,0611	133	0,0473	163	0,0386
14	0,4450	44	0,1426	74	0,0848	104	0,0604	134	0,0470	164	0,0384
15	0,4158	45	0,1395	75	0,0837	105	0,0599	135	0,0466	165	0,0381
16	0.3902	46	0,1365	76	0,0827	106	0,0594	136	0,0463	166	0,0379
17	0,3676	47	0,1336	77	0,0816	107	0,0587	137	0,0459	167	0,0377
18	0,3473	48	0,1308	78	0,0806	108	0,0581	138	0,0456	168	0,0374
19	0,3292	49	0,1282	79	0,0795	109	0,0576	139	0,0452	169	0,0372
20	0,3129	50	0,1256	80	0,0785	110	0,0571	140	0,0449	170	0,0370
21	0,2980	51	0,1231	81	0,0775	111	0,0566	141	0,0445	171	0,0368
22	0,2845	52	0,1207	82	0,0766	112	0,0561	142	0,0444	172	0,0365
23	0,2723	53	0,1184	83	0,0757	113	0,0557	143	0,0440	173	0,0363
24	0,2611	54	0,1164	84	0,0748	114	0,0552	144	0,0437	174	0,0361
25	0,2507	55	0.1143	85	0,0740	115	0,0547	145	0,0433	175	0,0360
26	0,2411	56	0,1122	86	0,0731	116	0,0541	146	0,0431	176	0,0358
27	0,2321	57	0,1103	87	0,0722	117	0,0538	147	0,0428	177	0,0354
28	0,2240	48	0,1084	88	0,0714	118	0,0533	148	0,0424	178	0,0354
29	0,2162	59	0,1064	89	0,0705	119	0,0527	149	0,0423	179	0,0351
30	0,2091	60	0,1047	90	0,0698	120	0,0524	150	0,0419	180	0,0349

es zum Anreißen von Mittelebenen auf Wellen, Zapfen und ähnlichen Rundkörpern allgemein üblich ist. Das Werkstück wird in ein bis zwei Prismenuntersätze gelegt, so daß man es beliebig verdrehen kann. Zunächst wird an einer, bei längeren Stücken auch an beiden Stirnflächen die Mitte gesucht. Man erhält sie sehr bald und sehr genau, indem man mit dem Paralellreißer ungefähr die Mitte durch einen kurzen Riß kennzeichnet, das Werkstück dann um 180° dreht und in gleicher Stellung des Parallelreißers dasselbe wiederholt. Auch die geringste Abweichung aus der Mitte zeigt sich dann durch eine Doppellinie an. Die endgültige genaue Mitte, auf die man die Reißnadel des Parallelreißers zum Anreißen der Mittelebene einstellen muß, ist dann sehr leicht zu finden. Bei kurzen Werkstücken oder überhaupt dann, wenn man auf das Suchen der Mitte auf der zweiten Stirnfläche verzichten kann, ist es praktischer, die Mitte vorher mit einem Zentrierwinkel anzureißen, dessen Gebrauch in Abschnitt 9 erläutert ist.

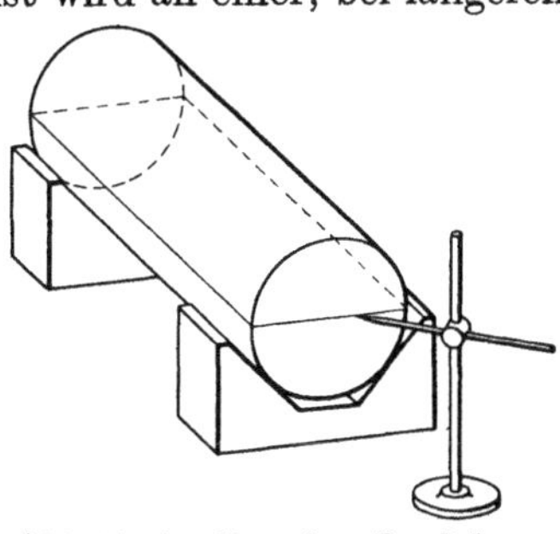

Abb. 86. Anreißen eines Rundkörpers in Prismen.

26. Anreißen von Mittelpunkten. Auf bearbeiteten runden Flanschen, Scheiben und ähnlichen Werkstücken hat man oft den genauen Mittelpunkt für das Anreißen von Kreisen zu suchen. In Abb. 87 ist zunächst gezeigt, wie der Mittelpunkt von der Bohrung eines Ringes auf einem eingesetzten Mittenstab mit einem

Tastzirkel gesucht wird. Mit der Zirkelspitze werden von zwei gegenüberliegenden Stellen der Bohrung Kreisbögen auf ungefähr die Mitte des Flansches geschlagen, wobei das andere stumpfe Schenkelende des Zirkels gegen die innere Fläche der Bohrung gedrückt wird. Ungenauigkeiten zeigen sich dadurch an, daß sich die Bögen entweder etwas überschneiden oder noch nicht ganz berühren. Die Zirkelspitze läßt sich dann sehr leicht auf genau die Mitte einstellen, so daß man durch Reißen von vier weiteren, kreuzweise gegenüberliegenden Stellen der Bohrung den Mittelpunkt kennzeichnen kann.

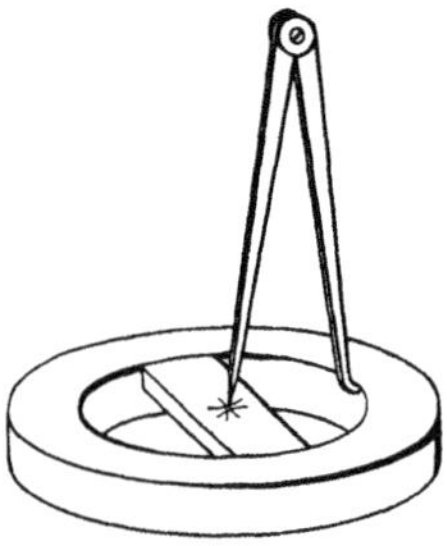

Abb. 87.

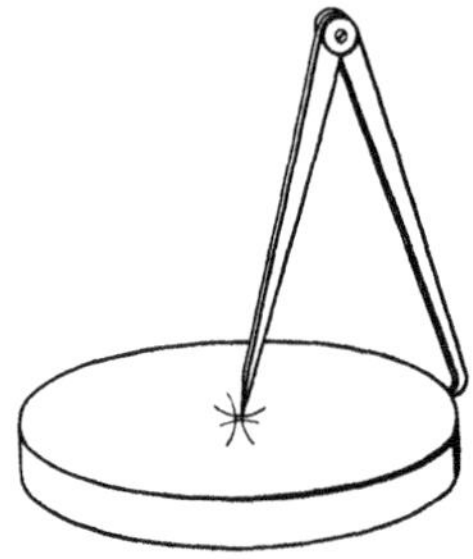

Abb. 88.

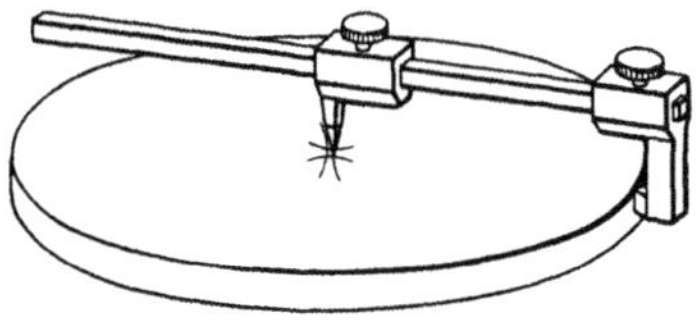

Abb. 89.

Abb. 87—89. Anreißen von Mittelpunkten mit Tastzirkel.

Bei Werkstücken ohne Bohrung sucht man den Mittelpunkt in ähnlicher Weise mit dem gleichen Werkzeug (Abb. 88). Der Tastzirkel wird zu dem Zweck umgewendet, so daß man das stumpfe Schenkelende gegen die Außenkante des Werkstückes anschlagen kann. Bei sehr großen Werkstücken kann man auch einen Stangenzirkel verwenden, indem man an Stelle einer Spitze einen entsprechenden Anschlaghaken einsetzt (Abb. 89). Bei kleineren Werkstücken kann man auch einen Zentrierwinkel zum Anreißen des Mittelpunktes verwenden, indem man damit zwei sich kreuzweise schneidende Mittelrisse zieht. Der Schnittpunkt bildet dann den Mittelpunkt.

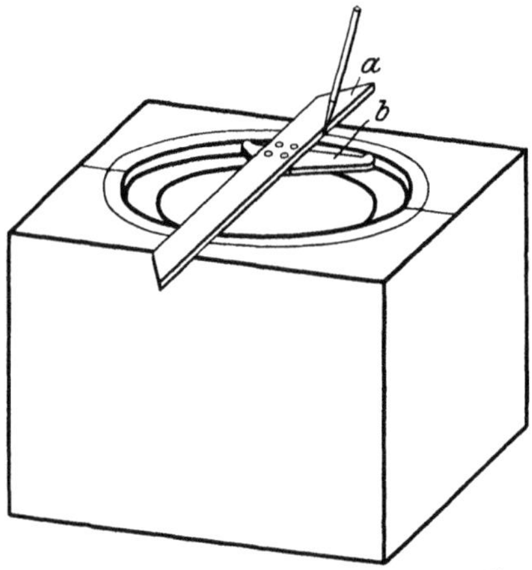

Abb. 90. Anreißen von Lochmittellinien mit Innenzentrierlineal.

27. Anreißen von Mittellinien, ausgehend von der fertigen Bohrung. Auf den Stirnflächen fertig gebohrter Werkstücke reißt man Mittellinien, wie sie z. B. für das Ankörnen von Schraubenlöchern erforderlich werden, grundsätzlich nicht mit dem Parallelreißer auf der Reißplatte an, sondern mit einem Zentrierlineal (Abb. 37), das die Mittellinien selbsttätig und daher schneller und viel genauer anzeigt, als man sie erst nach längerer Zeit mit dem Parallelreißer ermitteln kann. Ein Vorteil dieses Verfahrens liegt auch noch darin, daß man nicht von der Reißplatte abhängig ist, sondern das Werkstück dort anreißen kann, wo es sich gerade befindet. Abb. 90 zeigt das Anreißen nach diesem Verfahren auf der viereckigen Stirnfläche eines Hochdruckventilkörpers. Das Lineal *a* wird dabei mit der Anschlagleiste *b* in der Bohrung angeschlagen und mit einem Winkel parallel bzw. rechtwinklig zur Außenkante des Werkstückes ausgerichtet.

28. Anreißen mit Formschablonen. In vielen Fällen lassen sich Anreißarbeiten für formgebende Bearbeitung durch Formschablonen ganz wesentlich beschleunigen. Für das Anreißen sehr verschieden und unregelmäßig gekrümmter Außenformen sind sie ganz unentbehrlich, besonders dann, wenn mehrere Stücke gleicher

Art herzustellen sind. Formschablonen sind darum auch besonders vorteilhaft, weil man mit ihnen die Werkstücke, bevor sie in Angriff zur mechanischen Bearbeitung genommen werden, schnell und zuverlässig auf die richtige Außenform und eine ausreichende Bearbeitungszugabe überprüfen kann. Für freiformgeschmiedete Teile, die sehr verschieden ausfallen, ist das sehr wichtig. Nachfolgend werden einige Formschablonen gezeigt, wie sie zum Anreißen von Treib- und Kuppelstangen für Lokomotiven verwendet werden.

Ist nur eine ganz geringe Anzahl von Werkstücken anzureißen, so muß aus Sparsamkeitsrücksichten die einfachste Ausführungsform für die Schablone ge-

Abb. 91.

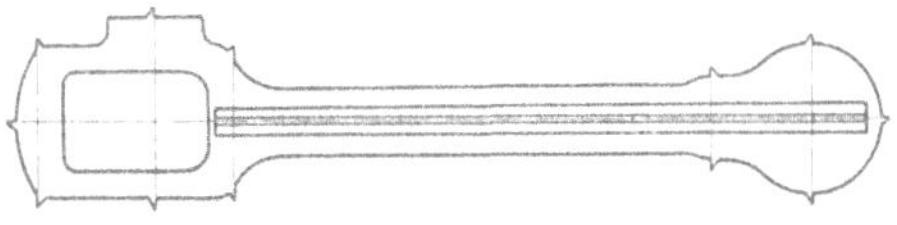

Abb. 92.

Abb. 91 u. 92. Formanreißschablonen.

nügen. Man reißt diese daher auf dünnem Zinkblech auf, um sie schnell mit der Handschere ausschneiden zu können. Um sie zu versteifen und besser handhaben zu können, nagelt man sie auf eine Hartholzleiste auf. Abb. 91 zeigt eine derartige Schablone. Der Anreißer stellt sie in der Regel selbst her. Schablonen für einen längeren Gebrauch werden dagegen aus etwa $1 \div 2$ mm starkem Glanzblech in der Werkzeugmacherei angefertigt. Auf sehr lange Schablonen nietet man zur Versteifung ein schwaches Winkeleisen. Eine derartige Ausführungsform zeigt Abb. 92.

Angerissen wird mit den Schablonen wie folgt: nachdem die Stangen seitlich bearbeitet und mit dem Anreißanstrich versehen sind, wird die Anreißschablone so aufgelegt, daß ringsherum eine gleichmäßige Bearbeitungszugabe stehen bleibt. Mit einer Reißnadel werden dann die Umrisse und auch die Markierungen für die Mittellinien angerissen. Diese vervollständigt man später, nach Wegnahme der Schablone, mit dem Lineal, sofern es für die weitere Bearbeitung erforderlich ist. Den mittleren Teil der Stange, der schwächer ist und auf dem die Schablone daher nicht aufliegt, kann man natürlich nicht ohne weiteres mit der Reißnadel anreißen. Man lotet hier an jeder Seite der Schablone mit dem Winkel einige Punkte herunter und verbindet sie dann durch einen Riß am Lineal. Das ist jedoch etwas umständlich. Abb. 93 zeigt ein besseres Verfahren, das mit Hilfe eines Kopierreißapparates ermöglicht wird. Die Anreißschablone muß dann jedoch durch Schraubzwingen etwas festgespannt werden.

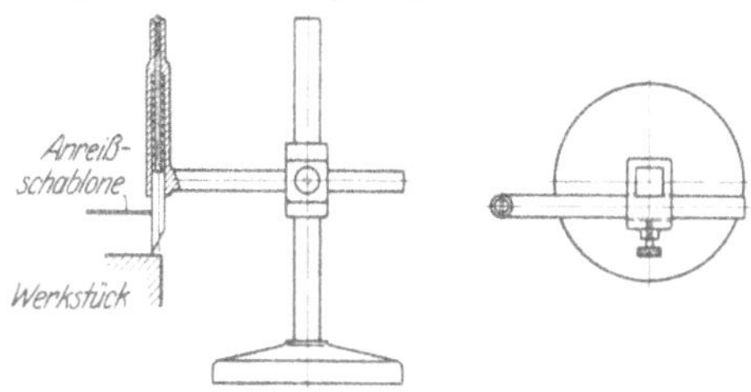

Abb. 93. Anreißen nach Schablone mit Kopierreißer.

V. Anreißbeispiele.

Mit dem Bisherigen ist das Anreißen in seinen wesentlichsten Punkten erläutert worden. Im Nachfolgenden sollen nun noch einige Beispiele aus der Praxis vorgeführt werden, bei denen die verschiedenen Anreißverfahren, so wie sie sich jeweils am zweckmäßigsten erweisen, angewendet werden.

29. Anreißen einer Formlehre. Das Anreißen von Formschablonen und Formlehren bildet eine besondere Gruppe der Anreißarbeiten, denn die Rißlinien dienen im Gegensatz zu anderen Anreißarbeiten zum großen Teil als alleiniger Anhalt für die Ausarbeitung der anzureißenden Form. Der Aufriß muß sich daher auf das genaueste mit der Werkzeichnung bzw. mit deren Maßen decken. Folglich kann nur das Anreißverfahren angewendet werden, wie es in Abschnitt 19 erläutert worden ist. Ein Beispiel für das Anreißen einer Formschablone (Abb. 94) zeigt Abb. 95. Auf die anzureißende Blechplatte, aus der die Schablone hergestellt werden soll, wird ein Lineal mit Schraubzwingen aufgespannt. Von einer Kante des Lineals werden nun alle dazu parallel verlaufenden Linien unmittelbar mit Maßklötzen und die rechtwinklig verlaufenden mit Hilfe eines Winkels angerissen. Der genaue Abstand der parallelen Linien voneinander wird durch die Genauigkeit der Maßklötze verbürgt. Besondere Sorgfalt erfordert das Einschlagen des Körners für den Mittelpunkt des Kreisbogens. Zur Erzielung der größtmöglichen Genauigkeit wird das in Abschnitt 19 beschriebene Sonderverfahren zum Einschlagen von Körnern angewendet, wobei wieder Lineal und Winkel als Anschlag für die Maßklötze dienen.

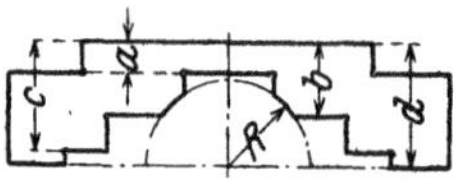

Abb. 94.

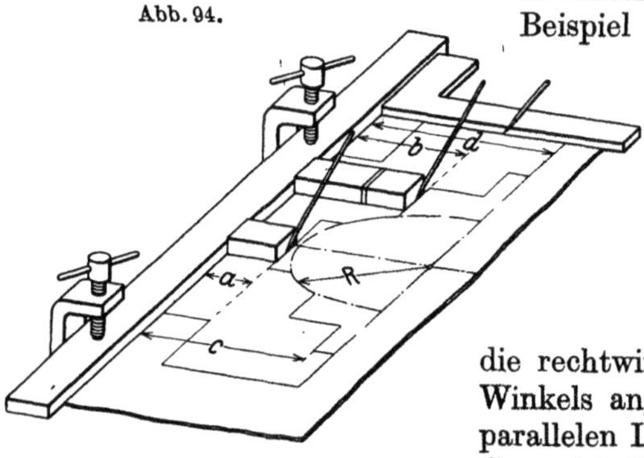

Abb. 95.

Abb. 94 u. 95. Anreißen einer Formlehre.

30. Anreißen einer Treibstange. Im folgenden Beispiel wird in mehreren Stufen angerissen, so wie sie sich durch die Reihenfolge bei der Bearbeitung des Werkstückes ergeben. Abb. 96 zeigt zunächst das Anreißen der Treibstange für die erste Arbeitsstufe: das Fräsen der beiden Flachseiten. Der geschmiedete Rohling wird, auf drei Punkten aufliegend, durch die Schraubenstützen *a* und *b* so ausgerichtet, daß sich beim Anreißen der Bearbeitungslinien mit dem Parallelreißer die vorhandenen Bearbeitungszugaben möglichst gleichmäßig auf beide Seiten des Werkstükkes verteilen. Der mittlere dünne Teil der Stange mit Hohlkehlen läuft in die stärkeren Köpfe. Diese Hohlkehlen können natürlich nicht so ohne weiteres angerissen werden. Es ist auch nicht wichtig und unbedingt erforderlich, denn der Fräser arbeitet nach

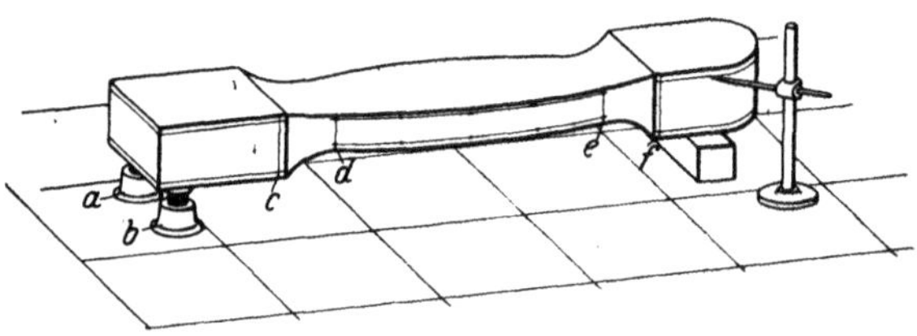

Abb. 96.

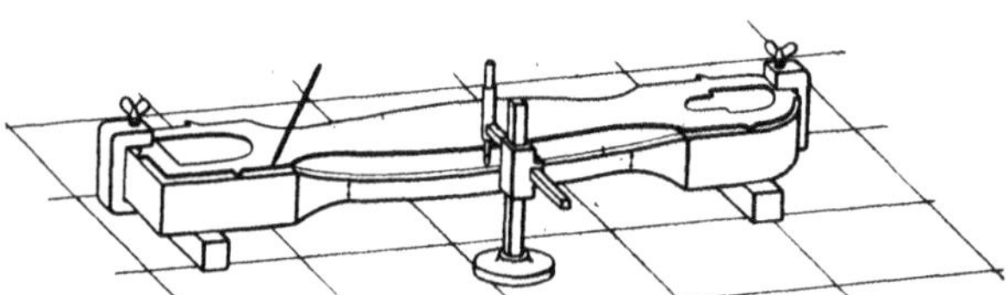

Abb. 97.

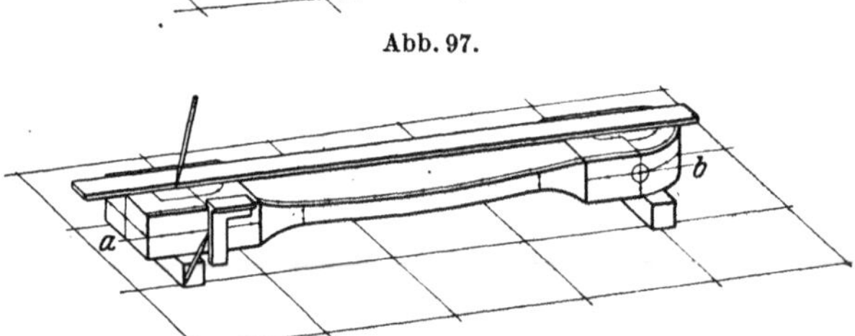

Abb. 98.

Abb. 96÷98. Anreißen einer Treibstange.

Hohlkehlenlehren. Anfang und Ende der Hohlkehlen müssen jedoch durch senkrechte Linien am Werkstück angerissen werden, damit der Fräser danach seine Maschine einrichten kann. In der Zeichnung sind diese Linien mit *c*, *d*, *e* und *f* bezeichnet.

In Abb. 97 u. 98 ist das weitere Anreißen der Stange nach dem Fräsen der beiden Flachseiten dargestellt. Zunächst wird mit Hilfe einer Anreißlehre die äußere Form der Stange angerissen (Abb. 97). Die Anreißschablone wird auf eine Flachseite leicht aufgespannt, so daß sich die Bearbeitungszugabe wieder gleichmäßig verteilt. Die Köpfe der Stange können nun ohne weiteres mit einer Reißnadel angerissen werden. Bei dem mittleren schwächeren Teil ist das jedoch nicht möglich, denn die Schablone liegt hier nicht auf dem Werkstück auf. Es muß daher ein Kopierreißer zu Hilfe genommen werden, mit dem man an der Schablone entlangfahrend deren Form auf das tieferliegende Werkstück genauestens überträgt. Nach dem Entfernen der Schablone wird die Stange mit den gewöhnlichen Anreißmitteln fertig angerissen (Abb. 98): mit einem Lineal werden die Mittellinien vervollständigt, die an den Enden von der Schablone aus angedeutet wurden und ferner mit einem Winkel die erforderlichen senkrechten Linien angerissen. Auch das Anreißen der Mittellinie *a*—*b* bleibt in diesem Falle, entgegen der Regel, der letzten Anreißstufe vorbehalten.

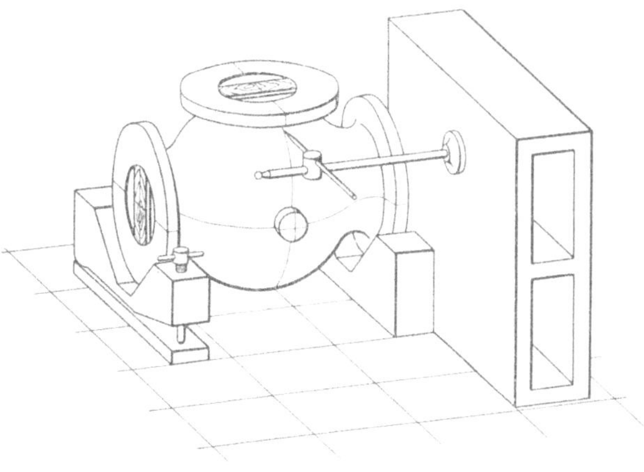

Abb. 99.

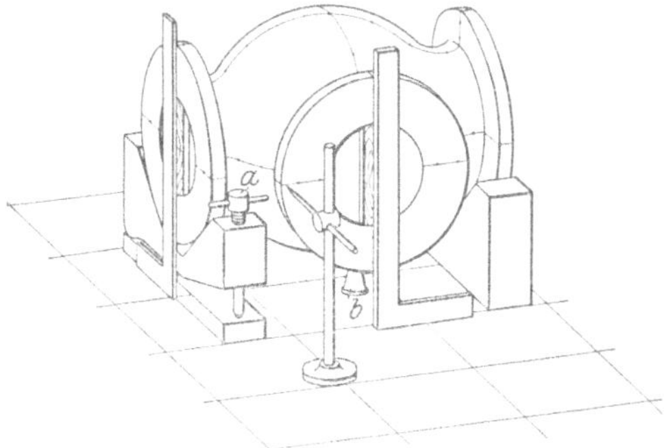

Abb. 100.

Abb. 99 u. 100. Anreißen eines Ventilkörpers.

31. Anreißen eines Ventilkörpers (Abb. 99 u. 100). Nachfolgend ist das Anreißen von Mittellinien an einem Ventilkörper gezeigt, wie sie für das Ausrichten auf der Maschine und auch für die Bearbeitung selbst erforderlich sind. Für die Aufnahme und das Ausrichten des Werkstückes auf der Platte werden zwei Prismen verwendet, die in den äußeren Abmessungen gleich sind, sich aber dadurch voneinander unterscheiden, daß das eine Prisma in der Höhe in geringem Maße verstellbar ist. Diese Verstellbarkeit ermöglicht es, das rohe Werkstück schnell und mühelos in die richtige Lage zur Ausgangsebene, der Reißplatte, zu bringen. Abb. 99 zeigt zunächst die erste Stufe des Anreißens, das Anreißen einer waagerechten und einer senkrechten Mittelebene. Für die senkrechte Ebene wird ein Reißwinkelkasten zu Hilfe genommen. Das Werkstück kommt dadurch selbsttätig in die richtige Lage zur Ausgangsebene des Reißwinkelkastens, daß sowohl dieser als auch die Aufnahmeprismen nach einem Linienkreuz der Reißplatte in der in Abschnitt 2 erläuterten Weise ausgerichtet worden sind. Mit Hilfe eines zweiten Reißwinkelkastens, der rechtwinklig zum ersten aufzustellen wäre, könnte nun auch noch die dritte erforderliche Mittelebene teilweise angerissen werden. Da der Mittelriß jedoch auch unten, an einer in dieser Stellung des Werkstückes unzugänglichen Fläche, erforderlich ist, so muß das Werkstück zum Anreißen dieser Mittelebene um 180° herumgedreht und noch einmal ausgerichtet werden. In Abb. 100 ist diese zweite Stufe des Anreißens dargestellt. Ausgerichtet wird das Werkstück dadurch, daß die an den Flanschen bereits angerissenen Linien in eine genau senkrechte Lage zur Reißplatte gebracht werden, wie es in der Zeichnung durch die angelegten Winkel angedeutet ist. Außer der Prismenstellschraube *a* dient auch die Schraubenstütze *b* dazu, die richtige Lage des Werkstückes schnell einstellen zu können.

Abb. 101.

Abb. 102.

Abb. 101 u. 102. Anreißen eines Lagerkörpers.

32. Anreißen eines vorbearbeiteten Lagerkörpers. Die Lichtbilder Abb. 101 u. 102 zeigen das Fertiganreißen eines Lagerkörpers, dessen Sohle bereits nach einem früheren Anriß bearbeitet worden ist. Man hätte das Werkstück auch bereits vor der Bearbeitung der Sohle an allen Stellen fertig anreißen können, als es noch vollkommen roh war. Aus folgenden Gründen ist das bei derartigen und ähnlichen Teilen nicht zu empfehlen: das vollständige Anreißen eines Werkstückes bedingt, daß man es bei jeder Aufspannung für die einzelnen Arbeitsgänge auf das genaueste nach den Rißlinien ausrichten muß. Man hätte das also auch in diesem Falle beim Aufspannen für das Bearbeiten der Sohle zu tun. Das würde nicht nur zu lange dauern und somit die Arbeit unnütz verteuern, sondern es könnten auch sehr leicht unzulässige Bearbeitungsfehler dadurch entstehen, daß das Werkstück bei der Bearbeitung seine Lage veränderte, was bei der ungünstigen Aufspannmöglichkeit immerhin möglich wäre. Nach Fertigstellung der Sohle müßte diese auf das genaueste nach dem Kontrollriß geprüft werden. Reißt man dagegen zuerst nur die Sohle an, so ist ein genaues Ausrichten nicht erforderlich und es schadet auch nicht, wenn sich das Werkstück ein wenig während des Bearbeitens verzieht, denn bei dem Anreißen für die weitere Bearbeitung wird von der fertigen Fläche ausgegangen, sowie sie jeweils ausgefallen ist. Sind zu grobe Bearbeitungsfehler unterlaufen, so daß das Werkstück beim weiteren Anreißen nicht auskommt, so ist zum Nacharbeiten immer noch Zeit. Der Anreißer übt dann gleichzeitig auch die Tätigkeit eines Revisors aus.

Abb. 101 u. 102 lassen zunächst erkennen, daß das Werkstück mit der vorbearbeiteten Sohle auf Parallelstücken aufgebaut ist, so daß die Gewähr dafür gegeben ist, daß die Sohle genau parallel zur Ausgangsebene der Reißplatte liegt. Damit es fest aufliegt, ist das Werkstück mit einem Eisenklotz beschwert. In dieser Stellung werden sowohl die waagerechte als auch die senkrechte Mittelebene des Lagerauges angerissen, ausgehend von der Reißplatte bzw. dem Reißwinkel, der zu dem Zweck parallel zu der Achse des Auges aufgestellt ist. Anreißwerkzeug ist dabei Parallelreißer 1 und 2 bzw. 6. Ferner wird auch noch der waagerechte Mittelriß für das Schraubenloch mit Parallelreißer 3 gezogen. Sodann wird der Reißwinkel um 90° auf der Platte verdreht und somit in eine solche Lage zum Werkstück gebracht, daß man auch die Länge des Lagerauges und den senkrechten Mittelriß für das Schraubenloch anreißen kann, wie es mit den Parallelreißern 4 und 5 angedeutet ist. Mit einem Spitzzirkel werden nun noch, ausgehend von den Schnittpunkten der Mittelrisse die Kreise für die Lagerbohrung bzw. das Schraubenloch angerissen und endlich werden noch alle Risse mit den üblichen Kontrollkörnern versehen.

Abb. 103. Anreißen eines Supportkörpers.

33. Anreißen eines geschweißten Supportkörpers. Abb. 103 zeigt das Anreißen für den ersten Arbeitsgang: das Aushobeln der Lauffläche. Auch in diesem Falle wird das Werkstück nicht vollständig angerissen, sondern in der Hauptsache nur das, was im ersten Arbeitsgang bearbeitet werden soll. Außerdem wird, um ein nochmaliges Aufbauen des Werkstückes in der gleichen Lage zu ersparen, eine andere Fläche angerissen, die untergeordneten Zwecken dient. Die Lageraugen *g* und *f* jedoch, die sehr genau zur Lauffläche gebohrt werden müssen, werden am zweckmäßigsten dann angerissen, wenn die Lauffläche fertiggestellt ist, die dann als Ausgangsfläche dient.

Abb. 103 läßt erkennen, daß das Werkstück auf drei Punkten, einem festen Bock und zwei Schraubenstützen, gelagert ist, damit es schnell ausgerichtet werden kann. Bei dem Ausrichten ist auf allgemeine Maßhaltigkeit des Werkstückes zu achten. Es ist also in der Stellung, in der man das Werkstück anzureißen gedenkt, nachzuprüfen, ob überall dort, wo es später noch angerissen und bearbeitet werden soll, auskömmliche Bearbeitungszugaben vorhanden sind. Z. B. ist nachzuprüfen, ob das Lagerauge *f* im richtigen Abstand von der anzureißenden Arbeitsfläche *b* steht. Ist das nicht der Fall, so muß etwas vermittelt werden, d. h. der Unterschied ist auf die anzureißende Lauffläche und auf das später noch anzureißende Auge *f* gleichmäßig zu verteilen. Es kann auch erforderlich werden, daß das Werkstück noch in der Schmiede nachgerichtet werden muß. Jedenfalls darf man das Stück nicht zur Bearbeitung der Lauffläche weitergeben, wenn man sich nicht von seiner vollständigen Maßhaltigkeit überzeugt hat. Fläche *a* und *b* werden mit dem Parallelreißer 1 angerissen, und *c* und *d* mit einem Anschlagwinkel bzw. mit einem Universalwinkelmesser. Der Reißwinkel 2 dient zum Anreißen der Fläche *e*.

34. Anreißen eines Walzenständers (Abb. 104). Für dieses Werkstück ist es infolge des großen Gewichtes und der Form am zweckmäßigsten, daß es in einer Aufspannung möglichst weitgehend fertiggestellt wird. Daß eine geeignete Maschine vorhanden ist, hat darüber entschieden, daß an dem Werkstück die Grundfläche *a* mit Führungsleisten, ferner die beiden Seitenflächen *b* mit Führungsnuten und endlich auch noch die Bohrung *c* mit der dazugehörigen Stirnfläche im ersten Arbeitsgang fertiggestellt werden. Es ist daher auch selbstverständlich, daß das Werkstück in diesem Umfange angerissen wird. Die vielseitige Bearbeitung im ersten Arbeitsgange bedingt, daß das Werkstück beim Aufspannen auf das sorgfältigste nach den Mittelrissen ausgerichtet wird. Es spricht also nichts dagegen, daß man, entgegen der Regel, auch gleichzeitig die inneren Flächen *d*, die erst in einem zweiten und dritten Arbeitsgange bearbeitet werden können, mit anreißt. Man erspart dadurch, das schwere Werkstück nochmals auf die Reißplatte zu nehmen.

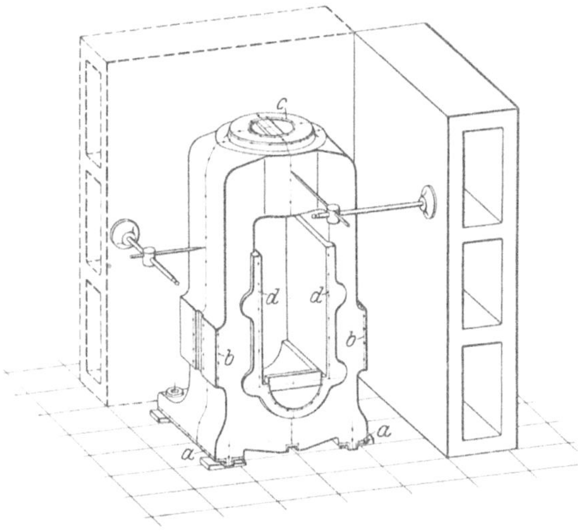

Abb. 104. Anreißen eines Walzenständers.

Das Werkstück wird wegen seiner Höhe ausnahmsweise nicht auf die Schraubenstützen gestellt, die einen gewissen Mindestraum beanspruchen, sondern auf schlanke Eisenkeile, die auch das Ausrichten ermöglichen. Die senkrechte Lage des Ständers ermittelt man mit einem Anreißwinkel, den man an die Längskanten anlegt. Bei dem Ausrichten ist auch zu beachten, daß die Kanten der Grundfläche parallel zu den Ausrichtlinien der Reißplatte liegen. Nunmehr werden zunächst sämtliche senkrechten Mittel- und Arbeitsebenen angerissen, ausgehend von einem Reißwinkelkasten, den man einmal parallel zur Schmalseite und das anderemal parallel zur Breitseite aufstellt. In jedem Falle werden zunächst die Mittelebenen angerissen, von denen man dann beim Anreißen der Arbeitsflächen ausgeht. Für das Abgreifen der Maße leistet hierbei der Verbundhöhenmaßstab die besten Dienste. Er wird hierbei genau so angewendet, wie beim Anreißen von der Reißplatte, wie es in Abschnitt 20 erläutert worden ist. Sodann sind noch von der Reißplatte ausgehend, die waagerechten Arbeitsebenen anzureißen, also die Sohle und die obere Stirnfläche der Bohrung, und endlich noch mit dem Zirkel die Bohrungen. Nach der vollständigen Flächenbearbeitung sind noch die Schraubenlöcher anzureißen, wofür Anreißschablonen aus dünnem Zinkblech verwendet werden, wie sie in Abschnitt 23 beschrieben worden sind.

VI. Anreißvorrichtungen.

Vorrichtungen treten im allgemeinen erst dann in Erscheinung, wenn sich die gleichen Arbeitsvorgänge entweder fortlaufend oder in bestimmter größerer Zahl wiederholen. Beim Anreißen ist das in der Regel aber nicht der Fall, denn es kommt in zeitgemäß geleiteten Werkstätten ja nur für solche Teile in Frage, für die sich die Anfertigung von Vorrichtungen wegen zu kleiner Stückzahlen überhaupt nicht lohnt. Oftmals wird es aber vorkommen, daß nur der hohe Anschaffungspreis der Bearbeitungsvorrichtung ihre Wirtschaftlichkeit in Frage stellt, eine weit billigere Anreißvorrichtung jedoch durchaus vorteilhaft sein und tatsächlich eine wesentliche Verbilligung bringen kann. Außerdem kann man aber auch einige ganz bestimmte Arten von Anreißarbeiten stets mit Vorrichtungen ausführen, die man für allgemeinere Zwecke herrichtet, um Zeit zu ersparen und auch eine größere Genauigkeit zu erzielen. Im Nachfolgenden werden einige solcher Gemeinanreißvorrichtungen und auch einige Beispiele von Sondervorrichtungen aus der Praxis gebracht.

A. Gemeinanreißvorrichtungen.

35. Anreißvorrichtungen für Lochteilungen und Winkel. Das Anreißen gleichmäßiger Lochteilungen auf Lochkreisen mit dem Spitzzirkel ist zeitraubend und läßt auch an Genauigkeit zu wünschen übrig. Schneller und genauer geht es auf einem Teilapparat, sofern sich das Werkstück ohne besondere Mühe auf einen solchen aufspannen läßt. Gut geeignet dafür sind die runden Anreißschablonen. Abb. 105 zeigt das Anreißen einer derartigen Schablone auf einem für diesen Zweck hergerichteten Teilapparat. Die für die Schablone bestimmte, etwas größer ausgeschnittene Blechscheibe wird mit den Kloben *a* und *b* gegen die Planscheibe des Apparates gespannt. Sodann wird zunächst der Lochkreis durch leichtes Andrücken der Reißspitze *c* und einmaliges Herumdrehen des Teilkopfes angerissen. Um die Reißspitze auf den jeweils gewünschten Halbmesser genauestens einstellen zu können, ist sie nach Art eines Flachreißers an einer Seite bis zur Spitze gerade ausgebildet und liegt in einem Schieber, den man nach einer Millimeterteilung mit Nonius einstellen kann. Eine Feder drückt dabei stets das Anreißwerkzeug mit der geraden Seite an die obere Fläche des Schiebers. Nach dem Anreißen des Lochkreises wird mit dem Flachreißer *d* auf dem Reißtisch *e* Lochmitte für Lochmitte durch Weiterschalten der Teilscheibe, die vorher auf die gewünschte Lochzahl eingestellt ist, auf dem Lochkreis angerissen. Zu bemerken ist dazu noch, daß es durchaus falsch wäre, den Lochkreis vorher mit dem Zirkel anzureißen, wie es ohne die besondere Einrichtung nötig wäre, denn die Schablone müßte dann erst genau ausgerichtet werden. Hat der Lochkreis aber einen Schlag beim Anreißen der Lochteilungen, so müssen sich naturgemäß Teilungsfehler ergeben. Zum Schluß wird mit dem Flachreißer *d* auch noch der Mittelpunkt durch zwei sich kreuzende Linien angerissen, um davon ausgehend später auch den Kreis für die äußere genaue Form der Schablone mit dem Zirkel anreißen zu können.

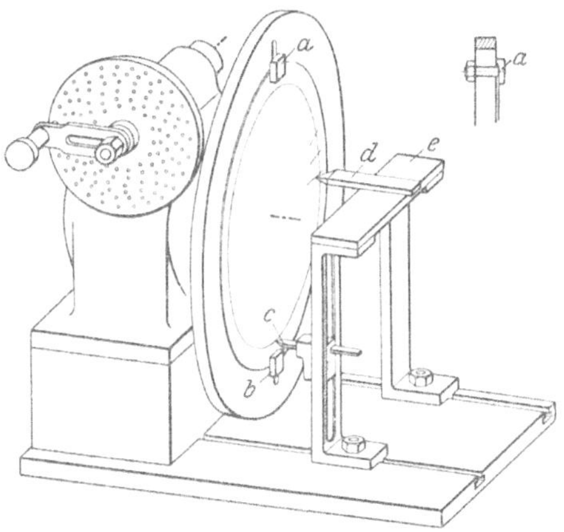

Abb. 105 u. 106. Anreißen einer Lochanreißschablone auf einer Anreißvorrichtung.

In Abb. 107 wird noch das Anreißen mit einem ähnlichen Apparat mit Hilfe eines verstellbaren Prismenuntersatzes gezeigt. Der Flansch des Werkstückes soll mit einer gleichmäßigen Lochteilung versehen werden. Man sucht zuerst mit dem

Parallelreißer den Mittelpunkt, schlägt von hier aus mit einem Zirkel den Lochkreis und reißt dann mit Hilfe der Teilscheibe die Lochteilungen an.

Abb. 108 zeigt das Anreißen gleichmäßiger Teilungen auf einem Anreißspitzenapparat, bei dem das Teilverfahren auf einer anderen Grundlage beruht. Das Werkstück wird drehbar zwischen den Spitzen *eingespannt und* immer um den entsprechenden Teilungswinkel gedreht, den man sich für jede Lochteilung errechnen muß. Um das Werkstück nach jedem Anriß um den gleichen Winkel verdrehen zu können, steht die Scheibe *a* mit Gradeinteilung fest, während der Winkelanzeiger *b* mit Schieber schwenkbar ist. Angerissen wird wie folgt: der Winkelanzeiger *b* wird zunächst auf den 0-Strich der Scheibe *a* bei *c* und die Reißnadelspitze des Parallelreißers auf den Strich bei *d* eingestellt. In dieser Stellung wird der erste Teilungsstrich auf dem Werkstück angerissen. Nunmehr wird der Winkelanzeiger *b* um den entsprechenden Winkel auf der Teilscheibe verdreht und in seiner Stellung (die in Abb. 108 dargestellt ist) gesichert. Das Werkstück wird nun beim Anreißen der einzelnen Teilungsstriche immer so weit verdreht, daß sich der vorher angerissene Strich genau mit dem Strich auf dem Winkelanzeiger deckt. Für sehr genaue Anreißarbeiten ist das Verfahren bzw. die Vorrichtung weniger geeignet, denn es hängt sehr viel von der Genauigkeit beim Einstellen von Strich auf Strich ab, wenn die Teilung zuletzt beim Anreißen des letzten Teilungsstriches nur annähernd genau aufgehen soll. Bei größeren Teilungszahlen werden sich schon meistens unzulässige Teilungsfehler ergeben, so daß das Verfahren nur für kleinere Teilungszahlen in Frage kommt.

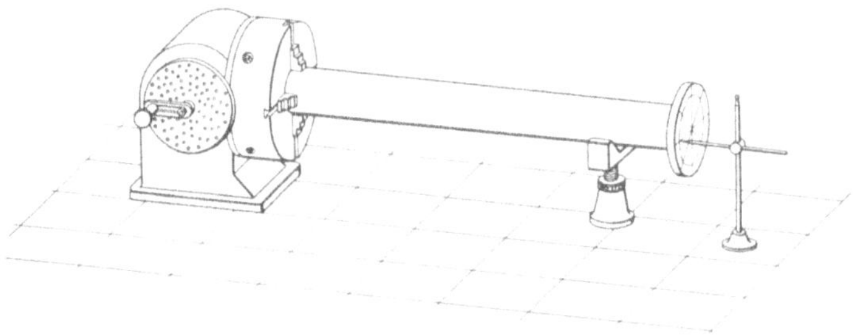

Abb. 107. Anreißen von Lochteilungen auf einem Teilkopf.

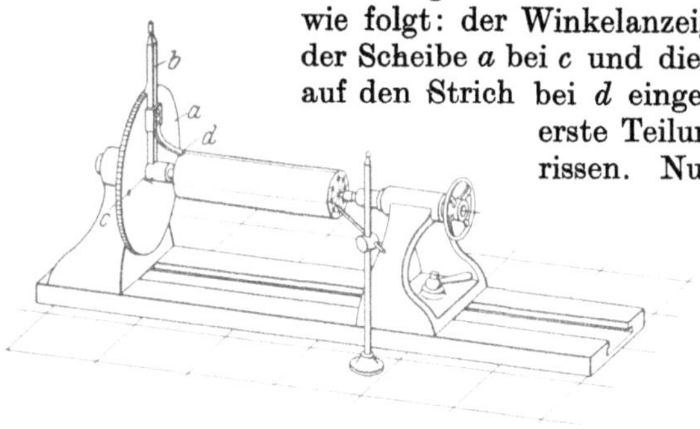

Abb. 108. Anreißen von Locheinteilungen auf einem Winkelteilapparat.

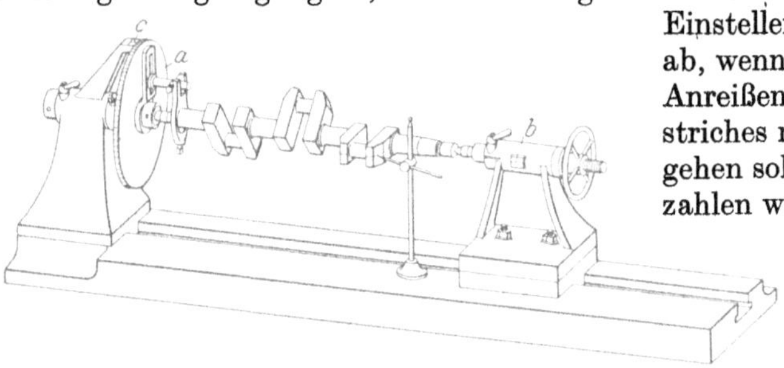

Abb. 109. Anreißen einer Kurbelwelle auf einem Winkelteilapparat.

Abb. 109 zeigt noch ein drittes Teilverfahren auf einem Spitzenapparat, das weniger für gleiche Teilungen, als vielmehr zum Anreißen bestimmter Winkel dient. Als Anreißbeispiel ist eine mehrhübige Kurbelwelle gewählt, an der die verschiedenen Kurbelzapfenstellungen nach bestimmten Winkeln anzureißen sind. Das Werkstück ist mit der die Teilscheibe *a* tragenden Spindel während des Anreißens fest verbunden. Die Teilscheibe selbst ist so angeordnet, daß sie auf der Spindel zwar verdreht aber in beliebiger Stellung während des Anreißens mit ihr fest verbunden werden kann. Es wird nun folgendermaßen angerissen: das Werkstück wird zwischen den Spitzen in die zum Anreißen des ersten Zapfens erforderliche Stellung gebracht und mit der Teilscheibenspindel fest verbunden. Es wird nun der Parallelreißer auf genaue Spitzenhöhe nach dem Höhenanzeiger *b* eingestellt. Gleichfalls wird auch die Teilscheibe *a* so eingestellt und auf der Spindel festgestellt, daß sich der 0-Strich der Gradeinteilung mit dem Strich des Winkelanzeigers *c* genau deckt. Nach dem Anreißen des ersten Zapfens kann die Welle dann ohne weiteres in die beiden anderen Winkelstellungen gedreht werden, denn der jeweilige Winkel kann an der Teilseheibe nach dem Winkelanzeiger eingestellt werden. Zur genaueren Einstellung nach Minuten ist der Höhenzeiger mit einem Nonius versehen.

36. Anreißen konzentrischer Kreise auf der Drehbank. In Abb. 110 ist die Anwendung einer Vorrichtung zum Anreißen konzentrischer Kreise auf der Drehbank bzw. auf plangedrehten Werkstücken gezeigt. Vor dem Abspannen des fertiggedrehten Werkstückes wird die Vorrichtung zwischen die Drehbankspitzen genommen, die Reißnadelspitze mittels der auf dem Ausleger aufgerissenen Millimeterteilung und der Ableseeinrichtung auf dem Schieber auf den gewünschten Halbmesser eingestellt und sodann gegen das langsam umlaufende Werkstück gedrückt. Die Reißnadel ist nach Art eines Flachreißers ausgebildet, kann also an der Meßfläche *a*, die von der Achsmitte auf ein bestimmtes Maß gearbeitet ist, in Übereinstimmung mit der Millimeterteilung gebracht werden.

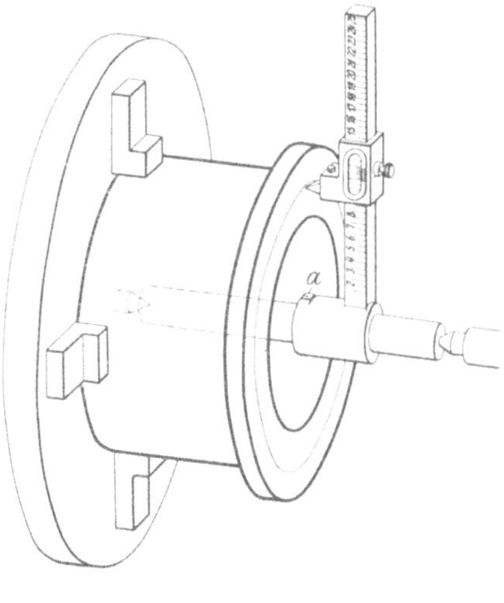

Abb. 110. Anreißen konzentrischer Kreise mit einer Vorrichtung auf Drehbank.

B. Sonderanreißvorrichtungen.

37. Längenanreißvorrichtung für Stahlflaschen (Abb. 111). Diese umfangreiche Vorrichtung ist zur leichteren Handhabung aus Stahlrohr hergestellt. Die Länge der Flaschen muß von der inneren Bodenfläche aus bestimmt werden, gegen die die Vorrichtung beim Anreißen daher auch angeschlagen wird. Angerissen wird in der Weise, daß der Reißbolzen *a* bei geringer Verdrehung der Vorrichtung in der Flasche leicht gegen deren Wand gedrückt wird. Die Vorrichtung ist in geringem Maße verstellbar, so daß sie für verschiedene Flaschenlängen verwendbar ist.

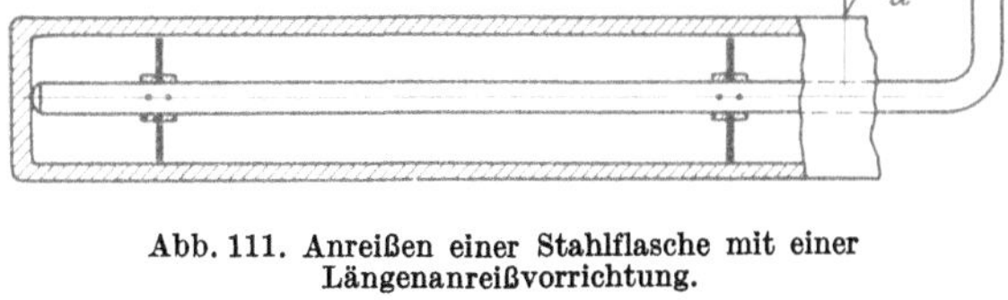

Abb. 111. Anreißen einer Stahlflasche mit einer Längenanreißvorrichtung.

38. Anreiß- und Kontrollvorrichtungen für Nuten. Die Vorrichtung Abb. 112 ermöglicht das Anreißen einer Anzahl Federnuten auf zwei verschieden großen zylindrischen Ansätzen des Werkstückes, eines Ankerkörpers, in der Weise, daß die Nute des schwachen Ansatzes in genau bestimmter Lage zu den Nuten des starken Ansatzes steht. Die Vorrichtung deckt sich bezüglich der Bohrungsdurchmesser und der Nuten genau mit dem Werkstück, dem Kommutatorkörper, der auf den Ankerkörper aufgepaßt werden soll. Nach Einarbeitung der angerissenen Nuten kann die Vorrichtung auch als Lehrwerkzeug benutzt werden, indem sie nochmals aufgeschoben wird und in die eingearbeiteten und die sich mit diesen deckenden Nuten der Vorrichtung Lehrklötze gesteckt werden, deren Abmessungen denen der später zu verwendenden Befestigungskeile entsprechen.

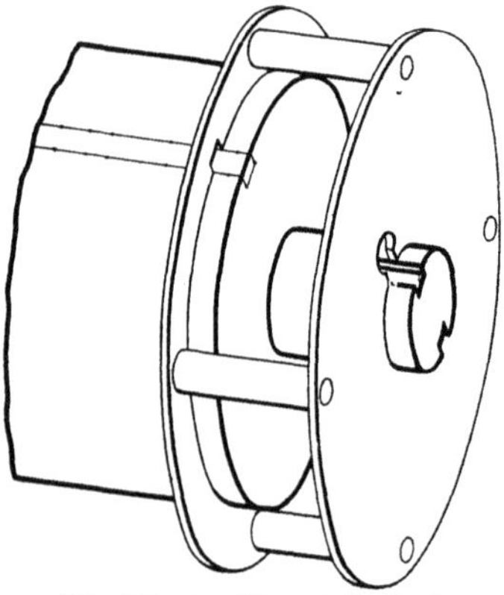

Abb. 112. Anreiß- und Kontrollvorrichtung für Federkeilnuten.

Eine weitere Anreißvorrichtung ist in Abb. 114 bis 115 dargestellt. Am Werkstück Abb. 113 soll die (bereits eingezeichnete) Nut angerissen werden, die genau durch die Mitte der Bohrung gehen und genau rechtwinklig zu dem Seitenflansch liegen muß. Die in Abb. 114 dargestellte Anreiß- und Prüflehre ist aus drei Teilen hergestellt. Davon ist *a* der eigentliche Lehrenkörper, der am oberen Arm in Breite und Höhe genau der einzuarbeitenden Nut entspricht. Teil *b* ist in der Länge genau auf den Bohrungsdurchmesser gearbeitet und gibt Teil *a* die zentrische Lage zur Bohrung. Teil *c* ist so an *a* befestigt, daß die Anschlagkante c_1—c_1 genau rechtwinklig zum oberen Teil des Lehrenkörpers *a* steht. Er gibt diesem beim Anschlag an den Seitenflansch des Werkstückes die rechtwinklige Lage. In Abb. 115 ist das Werkstück mit dem zum Anreißen der Nut angelegten Anreißgerät dargestellt.

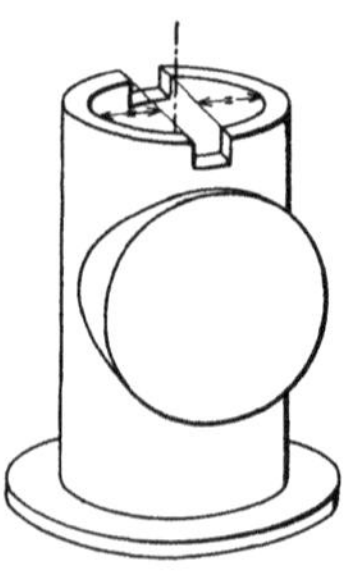

Abb. 113.

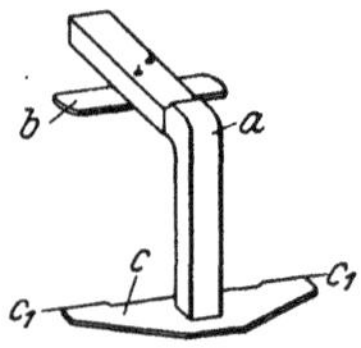

Abb. 114.

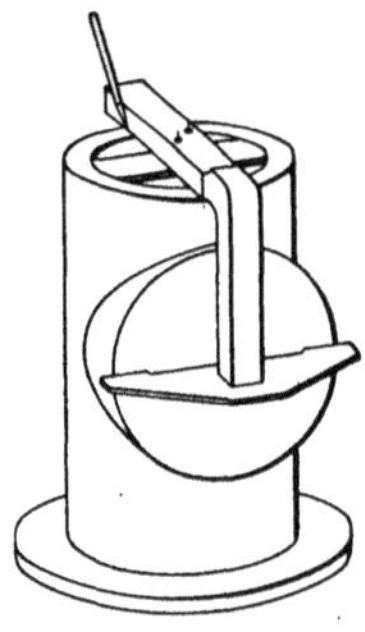

Abb. 115.

Abb. 113—115. Anreißen einer Quernut mit Anreiß- und Kontrollvorrichtung.

39. Anreißvorrichtung für Kolben (Abb. 116). Das Anreißen des Zentrierkörners am Kolbenboden ist ohne Sonderhilfsmittel sehr umständlich, da er zentrisch zu dem schlecht zugänglichen Kolbeninnern liegen muß. Die dargestellte Vorrichtung erleichtert das Anreißen des Zentrierkörners und verhütet dabei nennenswerte Ungenauigkeiten, wie sie beim Anreißen ohne Vorrichtung kaum vermeidlich sind. Der Kolben wird zum Anreißen auf den Ausleger *a* geschoben und ruht dann mit der Innenwand auf den Bolzen *b* und *c*, auf denen er auch gedreht werden kann. Mit dem Parallelreißer, dessen Spitze auf ungefähr die Mitte des Kolbenbodens eingestellt wird, werden nun in vier verschiedenen Drehstellungen des Kolbens kurze Mittellinien auf der Bodenfläche aufgerissen. Es entsteht so ein kleines Quadrat, das die Mitte für den Körner anzeigt.

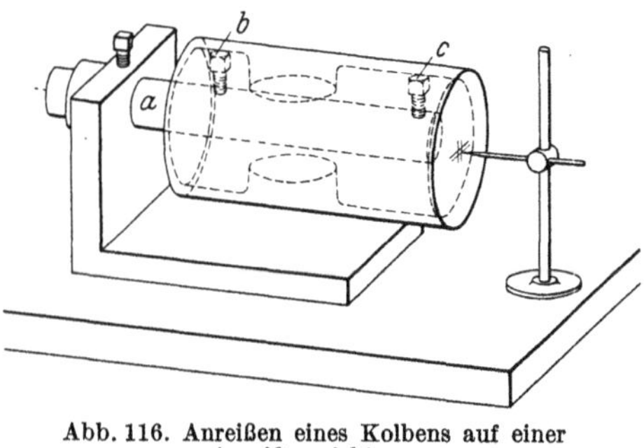

Abb. 116. Anreißen eines Kolbens auf einer Anreißvorrichtung.

40. Anreißlehre für Tangentialkeilnuten. Abb. 117 zeigt das Anreißen von Tangentialkeilnuten auf einer Schwungradnabe mittels einer Anreißlehre. Die Lehre wird nicht nach den Zeichnungsmaßen hergestellt, denn es ist sehr schwer, diese besonders bei schweren Wellen einzuhalten, sondern nach der fertigen Welle, wie es in Abb. 110 dargestellt ist. Beim Anpassen der Lehre legt man in die Nuten die zugehörigen Keile oder entsprechende Paßstücke ein.

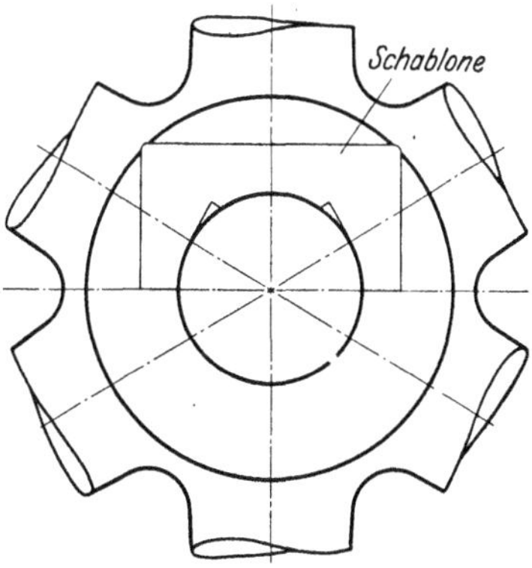

Abb. 117. Anreißen von Tangentialkeilnuten nach Anreißlehre.

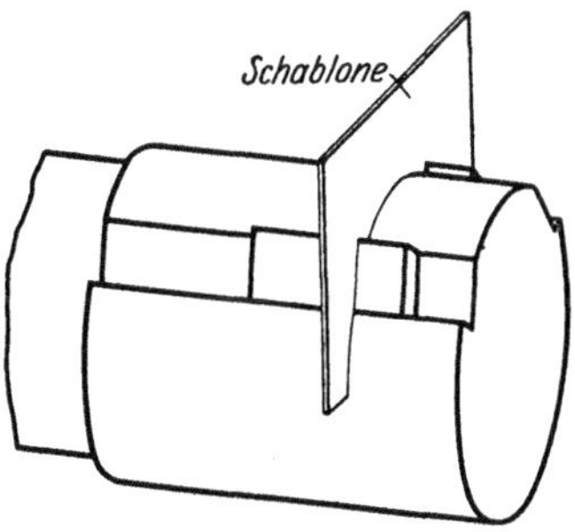

Abb. 118. Anpassen der Anreißlehre auf der Welle.

VII. Prüfen der Werkstücke vor der Bearbeitung.

Alle Werkstücke, die angerissen werden, werden dadurch gleichzeitig auch auf ihre Brauchbarkeit hin geprüft. Das Anreißen ist also eine Roh- oder Vorkontrolle vor der Bearbeitung. Werden nun Werkstücke ohne Anriß bearbeitet, wie es in der Vielfertigung grundsätzlich geschieht, so fällt somit auch die Vorkontrolle fort. Bei kleineren Werkstücken schadet das auch weiter nichts, denn wenn ein Stück während des Bearbeitens infolge von Rohfehlern Ausschuß wird, so bleibt der Verlust in mäßigen Grenzen. Handelt es sich jedoch um größere und vielgestaltige Stücke, an denen zahlreiche Bearbeitungsvorgänge erforderlich sind, so kann man daran nicht auf gut Glück losarbeiten, denn es kann sonst vorkommen, daß das Stück zum Schluß bei einer der letzten Arbeitsstufen infolge von Rohfehlern Ausschuß wird. Die bis dahin aufgewendeten Löhne sind dann umsonst gezahlt. Schon aus diesem Grunde wird es daher oftmals lohnend sein, derartige Teile vor Beginn der mechanischen Bearbeitung an allen in Betracht kommenden Stellen zu prüfen, um zu vermeiden, daß fehlerhafte Teile in Arbeit genommen werden. Das Prüfen der Werkstücke kann aber auch noch aus anderen und wichtigeren Gründen erforderlich werden: kleinere einfache Werkstücke kann man ohne Umstände für Ausschuß erklären, wenn sie sich als fehlerhaft erweisen, denn der Verlust ist nur gering. Größere Teile jedoch, z. B. schwierig herzustellende Gußteile, die schon als Rohling einen erheblichen Wert darstellen, wird man, wenn es irgend geht, zu verwenden suchen, wenn sich Fehler daran zeigen, die nur mit der Bearbeitung selbst zu tun haben und die auf Konstruktion und Haltbarkeit weniger Einfluß haben. Ist z. B. an einem solchen Werkstück der Kern für eine Bohrung verlagert, so daß es fraglich erscheint, ob die Bohrung bei der Bearbeitung auskommt, so kann dem Ausschußwerden vorgebeugt werden, wenn der Fehler gleich zu Anfang durch die Kontrolle überhaupt festgestellt wird. Es ist dann die Aufgabe des Anreißers bzw. Kontrolleurs, das Werkstück so vorzubereiten, daß der Fehler bei der Aufnahme in der Vorrichtung nach Möglichkeit unwirksam gemacht wird. Wie das geschehen kann, wird späterhin an einem Beispiel noch erläutert werden.

Beim Prüfen der Werkstücke die in Vorrichtungen bearbeitet werden sollen, wird man natürlich auch nach wirtschaftlichen Gesichtspunkten verfahren und dafür zeitsparende Vorrichtungen und sonstige Sonderhilfsmittel und Werkzeuge anfertigen. Einige Beispiele dafür sollen im folgenden behandelt werden.

41. Prüfen der äußeren Form. Zum Prüfen der äußeren Form der Rohlinge verwendet man einfache Blechschablonen, ähnlich den Anreißschablonen, oder auch als Gegenformschablonen ausgebildet, die man beim Prüfen senkrecht zur Fläche stellt. Bei Gußteilen wird man besonders solche Stellen der Oberfläche prüfen, die am Modell veränderlich sind, z. B. vertiefte Stellen, die durch Einlegen von Kernen und erhöhte Stellen, die durch Anstecken von Lochwarzen, Naben, Arbeitsleisten usw. eingeformt werden.

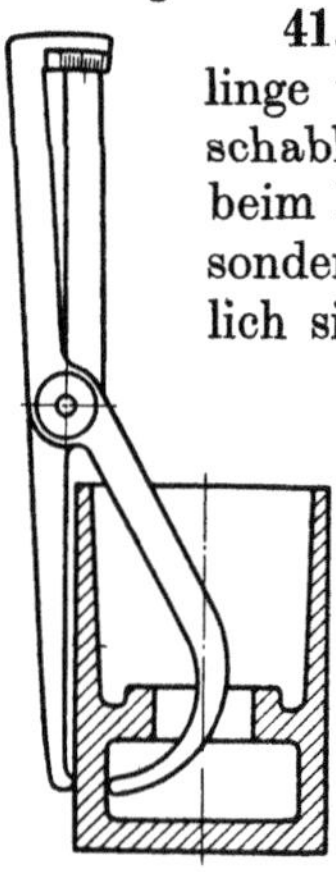

Abb. 119. Prüfen der Wandstärke eines Kolbens.

42. Prüfen der Wandstärken. Durch Verlagerung des Kernes beim Einformen ergeben sich als natürliche Folge ungleiche Wandstärken. Diese Abweichungen festzustellen ist mit den gewöhnlichen Meßgeräten oft nicht möglich, sondern nur mit Sondereinrichtungen. Abb. 119 zeigt das Messen von Wandstärken an einer unzugänglichen Stelle mit einem Sonderwerkzeug.

43. Prüfen von Bohrungskernen. In Abb. 120 ist das Prüfen der vorgegossenen Laufbuchsenbohrung eines Motorständers mit einer Sondervorrichtung dargestellt. Bei der Konstruktion der Vorrichtung kommt es im wesentlichsten darauf an, daß eine Übereinstimmung mit der Vorrichtung, in der das Werkstück später bearbeitet werden soll, an den Stellen erzielt wird, an denen das Werkstück aufgenommen wird. Das Werkstück muß in der Prüfvorrichtung also dieselbe Lage zur Meßachse einnehmen, wie in der Spannvorrichtung zur Achse der Bohrstangenführung. An den Punkten a_1, a_2 und b_1, b_2 greifen die Zentrierorgane der Spannvorrichtung an. Mithin muß auch die Prüfvorrichtung nach den gleichen Punkten ausgerichtet werden. Diese Vorrichtung besteht aus der Grundplatte c, der Deckplatte d und dem eigentlichen Meßdorn e. Grund- und Deckplatte sind in der äußeren Form den entsprechenden Flächenumrissen des Werkstückes nachgebildet und werden mit den Schrauben f_1, f_2 und g_1, g_2 so ausgerichtet, daß sie sich mit den Umrissen des Werkstückes decken. Dabei muß, wie bereits erwähnt, besonders auf die Stellen des Werkstückes Rücksicht genommen werden, an denen die Zentrierorgane der Spannvorrichtung bei der späteren Bearbeitung angreifen. Die Lage der vorgegossenen Bohrung (bedingt durch die Lage des Kerns in der Gußform) wird nun dadurch geprüft, daß man mit der Meßnase i, die von dem Meßstößel k radial bewegt werden kann, die Innenwand der Bohrung abtastet. An dem herausragenden Ende des Meßstößels ist eine Maßeinteilung vorgesehen, an der man den jeweiligen Halbmesser in Millimetern ablesen kann. Werkstücke, bei denen nun der Kern beim Gießen in einem solchen Maße versetzt wurde, daß es zweifelhaft erscheint, daß die Bohrung bei der Bearbeitung vollkommen rein wird, berichtigt man, so daß die Gefahr des Ausschußwerdens beseitigt wird. Werden noch gröbere Fehler festgestellt, daß ein Vermitteln, das nur

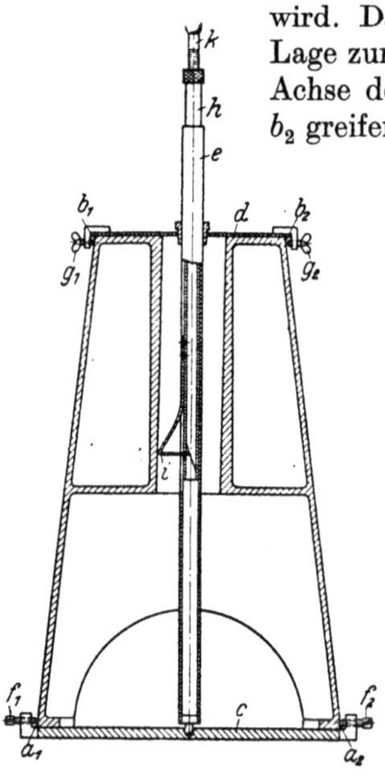

Abb. 120. Prüfen der vorgegossenen Laufbuchsenbohrung.

in mäßigen Grenzen geschehen kann, keinen Erfolg mehr verspricht, so wird das Stück als Ausschuß gekennzeichnet, ohne daß es vorher erst irgendwie bearbeitet ist.

Das Berichtigen der Werkstücke, so daß sie ohne Gefahr des Ausschußwerdens in der Vorrichtung bearbeitet werden können, geschieht wie folgt: die nicht einwandfreien Werkstücke werden in der Vorrichtung nicht in normaler, sondern in etwas abweichender Lage eingespannt, so daß die Seite der Bohrung an der bei der Kontrolle eine zu geringe Bearbeitungszugabe festgestellt wurde, mehr nach der durch die Bearbeitungsvorrichtung festgelegten Mittelachse für die Bohrung verlegt wird. Zu dem Zweck wird an der entgegengesetzten Seite, an der Stelle, an der das Zentrierorgan der Vorrichtung angreift, etwas mit dem Hand- oder Preßluftmeißel fortgearbeitet. Oft genügt es schon, nur die kleinen Unebenheiten der rohen Oberfläche zu beseitigen, um die Lage des Werkstückes in der Bearbeitungsvorrichtung zu berichtigen. Verursacht diese Maßnahme einen größeren, oder überhaupt einen nennenswerten Zeitaufwand, oder ist sie aus einem anderen Grunde nicht möglich, so kann man sich auch dadurch helfen, daß man an der Seite, an der die Bearbeitungszugabe zu gering ist, zwischen Werkstück und Zentrierelement eine Beilage von entsprechender Stärke mit einspannen läßt. Der Anreißer bzw. Prüfer hat die betreffende Stelle des Werkstückes dann zu kennzeichnen, z. B. mit: „+ 2 mm“ und hat dafür zu sorgen, daß das Zeichen beim Einspannen auch tatsächlich beachtet wird. Auf alle Fälle muß der Anreißer mit der Arbeitsweise der Bearbeitungsvorrichtung genau vertraut sein, denn es kann auch möglich sein, daß an einzelnen Stellen des Werkstückes Bezugslinien angerissen werden müssen, nach denen seine Lage in der Vorrichtung durch eingebaute Prüforgane berichtigt werden kann.

GPSR Compliance

The European Union's (EU) General Product Safety Regulation (GPSR) is a set of rules that requires consumer products to be safe and our obligations to ensure this.

If you have any concerns about our products, you can contact us on ProductSafety@springernature.com

In case Publisher is established outside the EU, the EU authorized representative is:

Springer Nature Customer Service Center GmbH
Europaplatz 3
69115 Heidelberg, Germany

Batch number: 10682323

Printed by Printforce, the Netherlands